上海科普图书创作出版专项资助

共有地的悲剧

—— 环境与发展的故事

廖振良 编著

U0395637

上海科学普及出版社

图书在版编目（CIP）数据

共有地的悲剧：环境与发展的故事／廖振良编著.
—上海：上海科学普及出版社，2013.7（2015.1重印）
ISBN 978-7-5427-5489-9

Ⅰ.①共… Ⅱ.①廖… Ⅲ.①环境保护－普及读物
Ⅳ.①X–49

中国版本图书馆CIP数据核字（2013）第188411号

责任编辑 王佩英 吕 岷

共有地的悲剧
—— 环境与发展的故事
廖振良 编著
上海科学普及出版社出版发行
（上海中山北路832号 邮政编码200070）
http://www.pspsh.com

各地新华书店经销 上海金顺包装印刷厂印刷
开本 787×1092 1/16 印张 8.5 字数 153 000
2013年7月第1版 2015年1月第2次印刷

ISBN 978-7-5427-5489-9 定价：25.00元
本书如有缺页、错装或坏损等严重质量问题
请向出版社联系调换

前　言

　　环境问题已经成为制约当今人类社会发展的重要问题。为了解决环境问题，人类做出了非常多的努力，也付出了各种代价，但总的来说，收效不太令人满意。并且，伴随着人类社会的发展和科技的进步，环境问题反而变得越来越严重，各种新老环境问题正以前所未有的大规模、复合型的方式在全球范围内对人类的生存和发展产生影响。

　　要解决环境问题，首先还是需要对环境问题有更深入的认识，包括对环境问题的来龙去脉、环境与发展之间的内在关系等。由此才能真正发现问题之根源、提出解决问题之良策。本书正是基于这样的出发点，力图从历史的角度，按照时间的脉络对环境问题进行剖析，引导读者考察和认识古今中外环境与发展的关系，并进一步引发对如何解决环境问题、构建和谐的人类环境与发展关系的思考。

　　本书共分为七章：第一章是引言，通过阐述复活节岛上由于地力的衰竭而导致曾经高度发展的文明的灭亡过程，向读者深刻揭示了人类的发展与其所赖以生存的自然环境之间的密切关系；第二章通过垃圾战争的寓言故事，并从科学的角度介绍了人类诞生之前地球环境的演变过程；第三章通过对新中国成立后才走出原始森林的苦聪人和非洲小人国——俾格米人的故事，向读者展示了处于原始社会（远古时期）的人类环境与发展关系；第四、五两章则用大量的案例和故事，包括玛雅文明、楼兰古国的兴衰，以及早期城市与工业污染、20世纪的环境公害事件、博帕尔事件、切尔诺贝利核电站泄漏事件等，分别介绍了农业文明时期和工业文明时期人类环境与发展的关系；第六章采用拟人的手法，借助医学上对病症的分类，对各种全球性的环境问题逐一进行了介绍；第七章是对策篇，包括共有地悲剧的故事、生物圈二号、清洁生产、循环经济、ISO14000、苏州河环境综合整治等案例，并指出：走可持续发展之路是人类社会发展唯一正确的道路。

　　本书想要阐述的观点是：环境问题并非是单纯的科学与技术问题，不可能仅依靠科技的进步自然而然地得到解决。那种主要把环境问题归纳到自然科学和工程技术领域的做法实际上是一个误区。环境问题是关于人的问题，它因人而产生，并随着人类社会的发展而发展，又对人类社会的进一步发展产生负面影响。如果人类不改变企图凌驾于自然环境之上的不正确的观念，不改变传统的发展模式，环境问题完全有可能使人类文明遭受到灭顶之灾。而要想真正解决环境问题，首先需要依靠教育，应该普及环境教育，让大多数人能够对环境问题的本质有共同的正确认识，在这个基础上才有可能产生共同的正确行动。其次要扭转发展的模式，需要从人类社会生活的各个方面进行深刻的改变，才能真正将人类社会的发展转变到可持续发展的轨道上来。

本书由一个个故事、案例和相关知识所组成，其间夹叙夹议，帮助读者由浅入深、深入浅出地对环境问题及其与人类社会发展的关系进行思考。

编　者

2013 年 3 月

目　　录

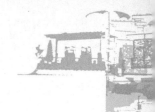

第一章 引言 —— 复活节岛的故事

很多人都听说过复活节岛的故事。对于岛上那些巨大的石像之谜，有着各种各样的解释，而科学界普遍认为，石像是岛上曾经高度发展的人类社会在地力衰竭之后的废弃物。很多书都把复活节岛的故事作为环境与发展之间关系的经典案例加以讲述，因为复活节岛的悲剧故事深刻揭示了人类的发展与其所赖以生存的自然环境之间的密切关系。不幸的是，类似于复活节岛的悲剧故事在人类历史发展的长河中实际上还有很多。相信这一故事将引发读者的深入思考。①

著名的复活节岛在距离美洲大陆 3700 千米的南太平洋中，它是一个神秘的孤岛，面积只有 160 多平方千米，人口不超过 2000 人。然而，在全世界千千万万的岛屿中，没有哪一个像它那样充满了如此众多的引人入胜之谜。1722年 4 月 5 日，荷兰航海家雅可布·洛加文发现了它，并将它命名为"复活节岛"，因为这一天正好是基督教的复活节②。

1722 年的春天，由荷兰探险家雅可布·洛加文率领的三艘战舰，已在南太平洋的狂风巨浪中颠簸了数月之久。4 月 5 日这一天正好是复活节，暮色中，他们突然发现前方出现了一个小岛，远远看去，那个小岛的四周竟然站立着黑压压的一排排参天巨人，走近一看，原来那是数百尊硕大无比的巨人雕像。这些雕像是用巨石凿刻而成的人头像，而且几乎都是长脸，双眼深陷，浓眉突嘴，鼻子高而翘，双耳又长又怪，下巴凸出有力，它们往往一双长手放在腹前，面朝无垠的大海，昂首凝视，神色茫然。这一个个巨大石像的奇怪姿态和阴沉眼神，给小岛笼

---

① 本章内容是在比较了方舟子《复活节岛的悲剧》与其他人的相关文献资料后改编而成的。
② 根据《新约全书》，耶稣在被钉死在十字架上之后的第三天复活。为纪念该事件，故命名为复活节。按照西方教会的传统，在春分节（3 月 21 日）当日见到满月，或过了春分见到第一个满月之后，遇到的第一个星期日即为复活节。

罩了浓浓的神秘气氛。整个复活节岛共遍布着 887 尊这种巨大石像,其中有 600 尊是竖立起来的,大多整整齐齐地排列在 4 米多高的长形石台上。而岛上共有约 100 座石台,每座石台上一般安放 4～6 尊石像,最多的达 15 尊。这些巨大石像 高约 7～10 米,最大的一尊高达 22 米,重约 400 吨。有些石像还顶着巨大的红 石头帽子。而每顶红石头帽子,小的有 20 多吨,大的可重达 40～50 吨。

复活节岛可以说是地球上最孤独的一个岛屿。这个三角形小岛往东越过 3700 千米的海面才能见到大陆(南美洲智利海岸)。它离太平洋上的其他岛屿也 相当遥远,离它最近的有人居住的岛屿是皮特凯恩岛,但也远在西边 2000 千 米处。复活节岛的纬度是南纬 27 度,属亚热带,气候比较暖和。它是在大约 100 万年前由海底的三座火山喷发形成的。火山灰是有利于植物生长的肥沃土壤, 按理说,它应该和其他波利尼西亚人的岛屿一样,像个美丽的天堂乐园。但是, 洛加文对它的第一印象却是一个荒岛:"我们起初从远距离观察,以为复活节岛 是一块沙地;这是由于我们将枯萎的野草或其他枯干、烧焦的植物都当成了沙 土,因为它的荒凉的外表给我们以特别贫瘠的印象。"

当时岛上的人口估计只有约 2000 人,从长相上看显然属于波利尼西亚人, 而且他们讲波利尼西亚的方言。1774 年另一位著名的航海家——英国的库克船 长在访问该岛时,随行的一个波利尼西亚人可以跟岛上居民用波利尼西亚方言交 谈。岛上原住民被称作拉帕努伊人,他们讲的方言被称做拉帕努伊语。从自然条 件看,当时复活节岛贫瘠而干旱,岛的中部是风沙横行的沙漠,根本无法种植粮 食作物。任何高大的树木都几乎不能在岛上生长,全岛没有高于 30 米的树木, 只有矮小的灌木和杂草。岛上没有河流,也没有饮用水,居民们只能靠挖池塘储 存雨水度日。除了老鼠,岛上没有其他野生动物,甚至也没有本土的蝙蝠和陆地 鸟类,而家养动物也只有鸡。所以,岛上的居民既无法种植粮食,也无法狩猎, 只能用最原始的方法,依靠简陋的木制工具打洞栽种甘薯和甘蔗,艰难度日,听 天由命。难怪有人说,复活节岛上的居民长年累月目所能及的除了大海、太阳、 月亮和星星,实在是别无他物了。

那么,人们不禁要问:既然复活节岛资源匮乏,居民食不果腹,岛上的这些 巨大的石像又是怎样制造出来的?造这么多巨大石像又有什么用途呢?洛加文写 道:"这些石像使我们感到震惊,因为我们无法理解这些人没有大木头可以制作 任何机器和结实的绳子,却怎么能树立起这些石像?"洛加文的疑问,直到今天 还不断地被人提出,也不断地有人试图给出种种答案。从 19 世纪末叶起,欧洲 的探险家、传教士、考古学家、人类学家等开始对岛上的石像产生兴趣,对那些令人不敢逼视的巨大石像给予了越来越多的关注。美国人、英国人、法国人、比利时人、德国人、挪威人等相继登上了复活节岛，试图揭开岛上的石像之谜。特别是那些神秘现象、天外来客、"史前文明"的宣扬者，更是把复活节岛上的石像——岛上的人称之为"摩艾"——当成他们的证据。例如，瑞典畅销书《众神的战车》作者埃里奇·冯·丹尼肯就声称，这些石像是外星人用超现代的工具制作的，他们因为飞船失事被困在复活节岛上，竖起这些石像向同类求救，救援飞船来了，他们便匆忙地离开了小岛。

考古学家们对此进行了不懈的研究。在岛上采石场他们找到了许多用玄武岩制作的石斧，当地人称之为托其，因为用钝了而被丢弃。经考证摩艾就是用这些石器雕刻出来的。自20世纪50年代到现在，考古学家们还不断地组织人马用原始的办法搬运、树立摩艾或复制品。设想古代拉帕努伊人在搬运石像时，把它们放在木橇上，底下垫一排木头当轮子，地面洒水减少摩擦。通过计算机模拟，发现用大约70个人以木头、绳子为工具，采用这种方法花5天时间就能搬运、树立一尊重约10吨的摩艾复制品。在1998年4～5月，人们在复活节岛上还实地模拟了整个过程，并被拍成电视片。考古学家们对古代拉帕努伊人是怎么搬运、树立这些石像的颇有争议，但这并不重要。重要的是不管古代拉帕努伊人具体用了什么方法，根据当时的条件，是完全可以用几十个人搬运、树立一尊普通大小的摩艾的，并无神秘之处。

问题在于：搬运摩艾的木头、绳子是从哪里来的？而处在贫困之中的岛上居民怎么可能有功夫来雕刻、搬运这些巨大的石像？为什么又突然停止了这项活动？可惜的是，在西方人到来之前，拉帕努伊人并无文字，也就没有历史记载可以明确回答这些问题。

仍然依靠考古学，人们揭开了谜底。通过考古，我们可以大致了解复活节岛的历史变迁过程。根据放射性同位素法的测定结果，岛上大约在公元400～700年开始有人类活动。1994年，生物学家从12具古拉帕努伊人的余骸中提取出DNA，确定他们的确就是波利尼西亚人。岛上的风俗习惯，种植的植物（香蕉、甘薯、甘蔗、芋、楮），饲养的动物（鸡），也都具有波利尼西亚人的特征。因此，目前考古学界普遍认为，现在岛上的拉帕努伊人是在大约公元400年漂流到复活节岛的一批波利尼西亚人的后代。

而古代的植被情形可以通过花粉分析推测出来。复活节岛在早期并不是一块荒地，而是一片茂密的亚热带森林。在森林中，生长着一种刺蒴麻属植物，名叫哈兀哈兀，其纤维可以用来制造绳子。还有一种特有的树木名叫托罗密罗树，木质坚硬，可以用于烧火和制作木雕。而数量最多的是一种大棕榈树，这种树在复活节岛上早已灭绝。大棕榈树与智利酒棕榈树很相近，也可能就是同一种。这种大棕榈树的树干笔直，可以长到 25 米，直径 2 米粗，是用于运输、树立石像和制造大船的良好材料。而且，其果子可以食用，其树浆可以生产糖浆和酿酒，所以是重要的食物来源。

　　此外，考古学家们通过挖掘、比较地层里古代遗留的垃圾堆中的动物骨骼进行了推测。一般说来，鱼类是波利尼西亚人的主要食物，鱼骨头一般会占垃圾的90%以上。但是，由于复活节岛位于亚热带，与热带相比气候过于寒冷，不适于鱼类聚集的珊瑚礁生长，其险峻的海岸线也不适合于浅海捕鱼，因此，从一开始鱼类就不是拉帕努伊人的主要食物，从公元 900～1300 年，鱼骨头在拉帕努伊人垃圾中的含量不到 1/4。与此相反，在所有的骨头中，海豚的骨头却几乎占到1/3。复活节岛上没有大型的动物，也没有家养的猪、狗，因此海豚是拉帕努伊人能抓到的最大的动物，成为了他们的食物蛋白的重要来源。但是海豚只生长于深海中，这意味着拉帕努伊人曾经能够建造大型的船只用于到深海捕捉海豚，而这些船只显然是用大棕榈树的树干制造的。考古学家们还发现，海鸟也是早期拉帕努伊人的重要食物。在人类到达之前，复活节岛上的鸟类没有天敌，是海鸟最适宜的繁殖地。曾经至少有 25 种海鸟在这里筑巢繁殖，可能是整个太平洋中最繁盛的鸟类繁殖地。而且，猫头鹰、鹦鹉等陆地鸟类也是早期拉帕努伊人的食物，考古学家在古代垃圾中发现了至少 6 种陆地鸟类的骨头。同时，跟着拉帕努伊人一起移民来的波利尼西亚老鼠也是拉帕努伊人的盘中餐。此外，垃圾中还有一些海豹骨头，表明复活节岛曾经也有过海豹。

　　总之，当这些波利尼西亚人刚移居到复活节岛的时候，这里的确是个小天堂。因此他们的人口快速地增长，在大约 1680 年人口膨胀到了大约 8000～20000 人。与此同时，资源在他们看来似乎取之不尽、用之不竭，他们无节制地开发和使用。在物质生活丰富之余，他们就将大量时间和资源用于宗教和祭祀等活动。在公元 1200～1500 年，他们大量建造用于顶礼膜拜的摩艾。然而，花粉分析表明，早在公元 800 年，森林的毁灭就已经开始了，从那时候起，地层中的大棕榈树和其他树木的花粉越来越少。进入 15 世纪后不久，岛上的大棕榈树最终灭绝了。大棕榈树的繁殖速度相当缓慢，其种子要经过六个月到三年才能发芽，发芽后的生长也非常慢。即使在最好的自然条件下，一片大棕榈树林的再生也需要很长的时间。流窜的老鼠对大棕榈树的再生起到了破坏作用，在岛上洞穴中发现的几十个大棕榈树果实都是被老鼠吃过而无法发芽。但是毫无疑问，要对森林的消失担负最大责任的是人类：树木被砍伐用于制造船只、房屋，用来运输摩艾，用来烧火取暖，或被烧毁用来做耕地。哈兀哈兀树虽然没有灭绝，却变得极其稀少，以至不能再用来做绳子。至于托罗密罗树，在挪威著名的人类学家托尔·海尔达尔于 1956 年访问复活节岛时，全岛只剩下了孤零零的一棵，只结了几个荚果。而到了 1962 年这最后一棵托罗密罗树也死亡了。幸好海尔达尔把它的种子带到了瑞典，让植物学家进行培育，使托罗密罗树在花园里生存了下来，并在 1988 年重返复活节岛。在 15 世纪时复活节岛上的森林已经消失，绝大部分树木已灭绝。

动物类群的变化同样令人怵目惊心。所有的陆地鸟类和半数以上的海鸟种类都灭绝了。在 1500 年左右，海豚骨头突然从垃圾堆中消失了。原因很简单：随着森林的消失，拉帕努伊人已找不到木头用于建造船只，因此再也无法出海捕捉海豚了。从此他们只能在浅海捕鱼，而这又使得浅海的生态也遭到了严重的破坏，甚至连海贝也基本被吃光，只能食用小海螺。于是拉帕努伊人从渔民变成了农民：他们开始注重养鸡，鸡成了他们主要的蛋白质来源；他们也种植甘薯、芋、甘蔗，但是产量却越来越低，这是因为森林的消失必然造成水土流失，在风吹雨打日晒之下，土壤变得越来越贫瘠。

人们普遍处于饥饿之中，吃他们所能找到的任何东西，除了老鼠，还包括岛上最大的动物：人。在后期的垃圾堆中，人的骨头已变得很常见。岛上最恶毒的骂人的话是："你妈的肉沾在我的牙齿上。"食物的产量已无法维持那么多的人口，也没有富余的食物供应制作、搬运摩艾的工人，于是大批摩艾半成品被抛弃。也很难有食物去上供酋长、祭司们了，原来颇为复杂的社会结构崩溃了，整个社会处于战乱之中。在 17 世纪和 18 世纪时战争达到了顶峰，那时候制造的石矛、石刀，如今还遗留在地面上。到了 1700 年左右，历经饥饿、战乱，岛上的人口只剩下了 2000 人左右。大约在 1770 年，拉帕努伊人开始互相推倒属于敌对方的摩艾，并砍下摩艾的头。当库克船长在 1774 年访问该岛时，已发现许多摩艾从祭坛上倒在地上，以至他推测岛上一定发生了什么灾难。而到了 1864 年，当西方传教士抵达该岛时，发现所有的摩艾都已被推倒。如今站立的摩艾是人们为发展旅游业而重新树立起来的。

在感叹复活节岛的悲剧的同时，我们有没有什么值得吸取的教训？

其实复活节岛就是地球的缩影。就像复活节岛一样，我们的地球也是茫茫宇宙中一个孤独的岛屿，而我们也正在一点一点、越来越快地破坏着地球的资源。在可预见的未来，我们不可能发现并搬迁到别的更适宜居住的星球，地球是我们唯一的家园。也许有人会说，我们不会像古代拉帕努伊人那样愚蠢，连最后一株大棕榈树都不懂得保留，还要砍掉。古代拉帕努伊人真的很蠢吗？答案是否定的。岛上大棕榈树（以及森林）的灭绝不是一夜之间发生的，而是一个经历了几十年、几百年的若干代人的缓慢而不知不觉的过程。独木不成林，实际上当最后一株大棕榈树被砍倒的时候，大棕榈树早已稀少得失去了意义，没有人会觉得保留它有什么价值，对岛上居民来说，它的灭绝并不是什么重大事件，甚至很可能绝大部分人都不会注意到。

而我们对地球的破坏也是缓慢的、不知不觉的，整个过程要比复活节岛上所发生的缓慢得多，历时也长得多。有多少人意识到，就在今天，那些无比珍贵的热带雨林正以每年 20 万平方千米的速度在消失？又有多少人知道，我们正以每年大约 5 万个物种的速度消灭着地球上独一无二的物种？如果不采取紧急的保护措施，可能到 21 世纪中叶，热带雨林将不复存在。到 21 世纪末，现存物种的 1/4 将会灭绝。地球虽然是庞大的，但并不能因此使她天然地避免复活节岛的命运，因为地球再大，也是有限的。

那么我们有没有可能避免让地球重演复活节岛的悲剧？

这是有可能的，因为我们拥有古代拉帕努伊人所没有的两样东西：

第一，我们有文字，所以我们有历史，可以对历史进行研究以吸取历史教训，也可以用文字和历史记录明白地告诫我们的子孙后代。每个人的一生只能感觉到数十年的环境变化，因而对那些缓慢的环境恶化无法觉察。但是历史记载却能使我们觉察到数千年的环境变化，并让我们的记载传之久远。

第二，我们有科学。科学能够使我们准确地追溯、研究和预测地球环境的变化，并为我们提供防范措施。

但是，历史和科学只有被公众所普遍接受时才能发挥其应有的作用。如果大多数公众不具有环境保护的意识，那么再好的历史和科学知识也无法挽救地球。所以，对向广大普通公众进行包括环境历史和环境科学在内的环保教育，提高公众的环境保护意识，是一件非常重要的工作。

思考与启示

　　本书的主要目的，就是想按照人类发展的历史脉络，通过讲述关于环境与人类发展的诸多故事和案例，帮助读者进行分析，让读者更加深刻地理解环境与人类发展之间相互影响的重要关系。作者认为，一个人，不管他（她）从事哪样的职业，都有必要学习和了解一些环境与发展的关系史方面的知识，即：从历史的角度去辩证地学习和思考环境与发展之间的关系，从而能够以古论今，汲取历史的经验和教训，思考如何在当今以及今后避免犯同样的错误，思考人类应该走怎样的发展道路。因为人类只有一个地球，只有大多数公众都能以历史和科学的观点去理解和接受环境与发展的关系，才能够拯救地球——我们唯一的家园。

第二章　人类诞生以前地球环境的演变过程

我们这个星球已经存在46亿年了,而人类的诞生只不过是几百万年之前的事。为此,我们需要回顾一下人类诞生之前地球上发生的一些事情,以便对人类发展与环境的关系有一个起点上的认识。让我们从一则垃圾战争的故事开始吧。

第一节　寓言故事:垃圾战争

本节以拟人的手法,以寓言的形式描述了20亿年前在地球上发生的植物与动物之间发生的一场所谓"垃圾战争"。同时在本节的尾声中,对20亿年前的那场战争中的预言进行呼应,描述了今天的所谓第二场"垃圾战争"。[①] 通过"垃圾战争"的故事,有助于人们了解在人类诞生以前地球环境的状况,从而更深刻地认识人类与其所处的环境的关系。

在大约20多亿年前,宇宙中有一颗只存在着大量植物的星球,我们先称之为"植物星"吧。因为植物星上不存在动物,所以这里安宁而平静。植物们吃的粮食是二氧化碳,而恰好二氧化碳在植物星的"大气"中非常多。如果植物死了,微生物就会运用一种转化机制将植物的尸体变成他们的粮食,从而不会给这颗星球造成环境上的麻烦。所以这颗植物星上可以说没有任何的烦恼。在这种和平的环境中,植物的"人口"不断地增长,最早他们是生活在海里,后来逐渐扩展到了陆地上。

但是,终于有一天,这颗星球产生了问题,那就是垃圾问题。植物虽然掌握着把二氧化碳变成他们食物的技术秘密(光合作用),但与此同时,也产生了他们根本不需要的东西——氧气。氧气在大气中不断地增多,如果任其发展,植

[①] 本节内容改编自《垃圾与地球》(八太昭道著,夏雨译)一书的序章和尾声部分。

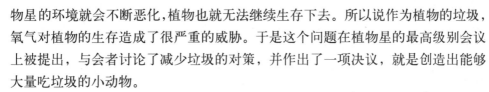

物星的环境就会不断恶化，植物也就无法继续生存下去。所以说作为植物的垃圾，氧气对植物的生存造成了很严重的威胁。于是这个问题在植物星的最高级别会议上被提出，与会者讨论了减少垃圾的对策，并作出了一项决议，就是创造出能够大量吃垃圾的小动物。

然而事与愿违。由于设计上出了问题，动物变得日益强大起来，植物逐渐失去了对动物的控制。开始被创造出来只是小型的、种类也有限的动物，经过不断进化和繁殖变得越来越大，种类也不断增加。而且，与信奉和平主义的植物不一样，这些动物极具攻击性，他们对植物展开了进攻，甚至不断地杀掉被他们抓住的植物。

随着形势的不断恶化，植物们终于无法忍受，他们奋起反抗。最后植物与动物之间爆发了整个星球规模的战争。对于野蛮、好动的动物，植物运用他们的智慧进行抵抗。在地下，植物建造了巨大的军事要塞，以守为攻，保存兵力。同时，植物开发出化学武器和生物武器，并把这些武器全部隐藏在秘密战线中。而从整个战局来看，动物们似乎取得了全面的胜利：在海洋中的动物，发挥其独特的机动力量，很快取得了制海权；随着植物逐渐向陆地上转移，动物又对植物跟踪追击；眼看植物只能向天空求生存，但动物又很快变成了空军，并完全掌握了制空权，接着对植物展开了不断的空袭，就连植物的孩子们（被叫做树木的种子）也死的死，伤的伤。

虽然动物取得了明显的胜利，但很快就暴露出自己的弱点。与植物不一样，动物没有掌握合成食物的秘密。所以，为了生存，动物又不得不依赖植物。于是，动物就派出外交官与植物进行谈判，双方均同意停战。战争终于要结束了，动物王和植物王终于要坐在一起签订和平条约了。

然而谈判一开始就陷入了僵局。争执的焦点在于"垃圾"量怎样设定。虽然双方取得了一点共识，那就是："讨厌垃圾，应当尽量减少垃圾"，但是，关于"垃圾"的定义和指向，双方的意见却出现严重的分歧。对植物来说，所谓最讨厌的垃圾当然是氧气，但对动物来说二氧化碳却是垃圾。动物想把二氧化碳设置到零的程度，但又怕这样一来植物会全部死掉，最后会导致动物自己也无法生存。所以动物提出可以供给植物 0.028% 的食物，与此相对应的条件是植物将在 20.9% 的垃圾中生存。这当然是个非常苛刻的条件，对于植物之王 —— 松树来说这简直是不可忍受的屈辱。这时植物中的军师、最聪明的兰花来到松树跟前，一边指着地面一边对他说："我们构筑的地下工事很深，经过巧妙设计，我们已经将大量的粮食埋藏在那里。相信我，总有一天动物的后代中会出现比他们的父母更野蛮的孩子 —— 激进派动物，这样一来我们之前制订的宏伟计划就会在不知不觉中得以实现，而当他们注意到我们设下的这个圈套时已经来不及了。所以我们现在需要的是忍耐、忍耐、再忍耐。"松树最终接受了兰花军师的劝告，忍辱与动物王签订了和平条约。于是从那时起，这颗植物星又恢复了和平。植物和动物共同唱起了世界繁荣的赞歌。

这是一个从远古的宇宙流传下来的传说，根据这一传说，最近出现了有一个很有说服力的观点，即：这颗星球的过去预示着它的未来。动物与植物之间似乎已经爆发了第二次战争，因为确实如植物军师兰花所预言的那样，在 300 万年前开始出现了激进派动物——人类。人以万物之灵自居，以自我为中心，人口爆发性地增加起来。由此产生的后果是：每年消失的植物居住地（森林、绿地）达2000 万公顷，与此同时，每年消失的物种数量（主要是动物）的速度是人类诞生之前的 1000 倍。植物和动物都付出了巨大的牺牲，但是两者所签订的有关垃圾的和平条约却仍然完全没有被（激进派动物）放在眼里。

如果植物军师所言是事实的话，植物到底为动物设下了什么圈套呢？对此的一些解读是：所谓植物开发的化学武器其实就是有毒的高山植物附子，而植物开发的生物武器是能吃动物的植物，植物在地底下建造的巨大军事要塞实际上就是分布在世界各地的煤田。

更为可怕的是：无知和乐观依然支配着激进派动物，他们大量抛弃垃圾，不断制造与植物之间的新矛盾，在动物内部还发生了互相倾轧。与此同时，植物却在大反攻，步步紧逼。他们所设下的巧妙圈套已经开始慢慢显示出效果了——那就是尽可能地去满足激进派动物向往舒适生活的欲望，因为这样就能越快地用热（温暖）和杀人光线（紫外线）武器将他们杀灭。

而动物有没有办法能逃出这个圈套？我们人类——激进派动物，一方面当然应该回顾 20 多亿年前的那场垃圾战争，另一方面是不是也应该认真地考虑有关动物和植物的第二次战争的预言呢？

人类不愧为万物之灵，已经开始注意到异常的征兆，并开始商量对策。例如，把动物作为人类的朋友就是一种做法（野生动物保护）。

第二次垃圾战争的结果会怎样尚难以预料。

第二节　地球生命的诞生和演化

在读了植物和动物之间战争的寓言故事之后，有必要进一步了解关于地球上生命诞生和演化过程的科学解释。[①]

在早期的地球上，太阳的辐射可以毫无阻碍地直达地面，这种辐射的频率高达 1022 赫兹，其威力足以毁灭一切生命。所以，如果地球上空没有一道屏障能阻挡吸收这种辐射，那么生命是无法在地面上生存的。

最初的地球是炽热的熔融状。45 亿至 20 亿年前，地球逐渐冷却后形成了薄薄的固体外壳，地球内部的大量气体随着火山喷发和地壳运动逸出地表，围绕在地球周围，形成了以水汽、二氧化碳、氮、甲烷和氨等为主要成分的大气层。

生命最初是诞生在海洋中，依靠的是水的保护作用。早期的地球上，水只能以气态的形式存在。由于熔融的地球发出的热量，使水在 100℃ 时化为蒸汽，变成包围地球的、辐射线不易穿透的云层。在云层之下，地球的温度开始快速地下降。虽然地球中心仍是熔融状态，但地壳表面逐渐冷却并凝固、挤压、褶皱和断裂，从而形成深谷和高峰。随着地球的继续冷却，云中的蒸汽冷凝变成水就开始降雨。大雨连续下了几千年，雨水填满了所有裂缝和鸿沟，淹没了洼地，而且也漫到山区，并几乎覆盖了全部南半球。于是生命的起源地——海洋诞生了。

大约在 30 亿年前，大雨停止后，地球便进入了第二个发展阶段。由于水流冲击地球上不稳定的和有火山活动的地表，岩石颗粒、碎块和含有化学溶解物质的"汤液"，被夹带流入海洋。在放电能和太阳辐射作用下，这些化学物质开始构成复杂的分子。其中具有四价键的碳，特别能同其他元素结合而形成多种有机物质。而有机物质是生命的基础，可以说如果没有碳的存在，也就没有生命的诞生。生命是如何起源的至今仍是一个谜，但我们有理由推测，随着有机物质越聚越多，并通过环境的不断改造和能量的不断输入，生成了类似于蛋白质、核酸的有机大分子，并进一步最终形成了具有自我繁殖能力和能够进行光合作用的最简单的原始生物——细菌和藻类。

大约距今 20 亿年前后，在海洋中诞生的细菌和藻类，在阳光的照射下，与大气中的二氧化碳发生光合作用，生成碳水化合物，并吐出氧气。随着光合作用的不断进行，大气中氧气含量逐步增多，二氧化碳含量则逐步减少。多余的氧气积聚起来，在闪电和高空太阳紫外线的电离作用下形成了臭氧层，臭氧层能够吸

---

① 本节内容引用改编自《只有一个地球：对一个小星球的关注》（芭芭拉·沃德，勒内·杜博斯著，国外公寓丛书编委会译）。

收太阳光中致命的辐射，为更多种类生物的出现和繁衍奠定了基础。

光合作用使有生命的细菌和藻类能够利用太阳的辐射能，创造出许多有机物质并释放出更多的氧气。光能被微妙地转变为碳水化合物，而这些是所有生物必需的食品。在细菌的光合作用过程中，叶绿素（由碳、氢、镁、氮组成）在受到太阳光的照射时，就释放出能量。叶绿素再运用这种能量，吸收并分解水的分子，此时产生的氢再与二氧化碳及其他化合物化合而形成糖类，同时又把氧释放到大气中。这个过程比现代石油化学合成物的生产过程要精巧得多，而这种合成过程是在大小为 1～100 微米的细胞内进行的。同时，通过微小的海洋植物的呼吸作用，氧气被吸进来，二氧化碳被排出去，最后产生了水及可用的能量。因此，在光合作用开始时吸进去的水和碳，最后又被释放了出来；而光合作用释放出来的氧，又通过呼吸作用重新被吸收回去。地球上全部动物和植物生命的源泉，就来自这两大循环：碳的循环和氧的循环，另外再加上少量的氮、硫及磷的循环。

生物细胞有如此惊人的化学转化能力，其中类似海藻的生物，已被证明内部含有细胞核。又经过约 10 亿年演化之后，在有荫蔽的温暖的海岸和河流入海口的水中，这些类似海藻的生物大量繁殖了起来，通过它们的光合作用释放出大量的氧气。今天，我们呼吸的氧气总量的 1/4，就是由海洋中的最微小的浮游生物所产生的，而水和空气相接触的海面正好是这些浮游生物的栖居地。

生物细胞在新的条件下进一步演化。科学家在澳大利亚的爱迪阿加拉群山附近发现的"蠕节虫"化石，证明了 7 亿年前已有多细胞的生物存在。这是发现多细胞生物的存在的最早证明。所有复杂的生物都是多细胞生物。只是在最近几十年，我们才知道，基因这个遗传单位，是如何通过脱氧核糖核酸（DNA）的双重螺旋体，将确切的指示传递到细胞中，使生命繁殖的。

当最原始的第一批细胞在水的保护下演化出来的时候，火山和地震还在地球频发，海啸还冲击着陆地。这种自然界的变动过程，却正好为生命跃进到第二个阶段做了准备。有些海洋植物被冲到岩石上，这时因为已经有了臭氧层的保护，这些植物便得以生存了下来。迄今发现的最原始的陆地植物是顶囊蕨（Cooksonia）的化石，约生存在 4.5 亿年以前。随着越来越多的植物在高低不平的地面上生长，动物也跟着出现在陆地上。一些鱼类逐渐演变成了两栖动物，鳍像腿一样帮助它们爬过被海水冲刷的湖泊沼泽地。鱼鳃后来也发展成为肺，能呼吸氧气。大约在 3.5 亿年以前，生物大规模地向陆地移居。大量植物覆盖了地球的表面，于是在整个地球表面上遍布了长有绿叶的新型植物，这些植物进行着光合作用和呼吸作用。大气中不可缺少的氧气，有 3/4 就是经过植物的光合作

用产生的，并供给地球上所有生物呼吸。

当植物滋生蔓延到炎热的赤道地带或南北温带时，逐渐使自己适应了气候的变化，并开始形成了生物群落。典型的植物滋生群，有北方的针叶树、澳大利亚的桉树、热带的棕榈树等。植物根部的生长使岩石碎裂，再加上多年的风雨侵蚀作用，造成一层薄薄的覆盖土壤，养育了所有植物和各种形态的生物。有些土壤中的细菌，能固定空气中的氮气，这为植物提供了养分，这种氮也成为所有生物的脱氧核糖核酸的基础。而氮通过空气、土壤及生物的循环，不过是地球上生物圈中所常见的自然循环的一例而已。这种自然循环是生物圈的体系中所不可缺少的。

只要是有空气、水和土壤的地方，生物就能在那里生长。原苏联物理学家弗拉基米尔·伊凡诺维奇·维尔纳德斯基将此环境称之为"生物圈"。正是由于生物与空气、水和土壤能够连续不断地彼此交替，才构成了维持生命的生物圈。

所有的生物为了谋取自身的生存和繁殖，都必须适应其生活的环境。不适应环境的生物就会被自然淘汰。但是，仅仅是自然淘汰作用，还不足以说明生物的无穷多样的适应性能。实际上，每种生物都有它们不同的生存场所，并且具有各种各样的外形、颜色、动作以及各种求偶、避险和攻敌的方法等。所有这些，形成了生物圈内丰富多彩的景象。

自然淘汰当然还意味着生物对有限食物和有限空间的竞争。在整个自然世界中都存在着这种竞争，这在查理·罗伯特·达尔文的《物种起源》一书中有详细的描述。但是，生物的竞争并不像 19 世纪一些思想家曾设想的那样极端残酷。在生物界中，克制谨慎、互相合作、互不侵犯、寄居生活等情况司空见惯。在自然条件下，成群野兽很少互相残害，而经常共同求食或相互保卫。比如，一小群鹌鹑在夜间总是尾对尾地栖息在一起，如果听到一点点带危险的声音，就立即爆发出喳喳鸣声，振翼飞逃。

在自然界中，存在着互相关联的各种食物链和食物网，通过这些食物链或食物网为生命提供了所需的能量。典型的食物链就像金字塔那样，最底层是植物，利用土壤中的无机物和从阳光获得的能量，构成自身的组织；第二层是食草动物，只吃植物；再上一层是食肉动物，在数量上比食草动物少；在塔顶的是人类，是全部生物中最能干的"猎手"。

从植物和动物的最初出现直到今天，这种食物链的连锁关系，基本上没有改变。这可以从森林里的一些典型的例子得到说明：从树上落下的大量果实，养活着较少量的松鼠；松鼠被更少量的狐狸所食；最后猎人杀死了狐狸，而人类过去的确吃过狐狸。再例如，动物的排泄物落在森林中的土地上，繁殖了微生物；再通过微生物形成腐植土；在腐植土上生长出了树木；树木又长出果实。这样种类繁多的食物链，在森林里到处都有。在被称为具有完整生态系统的古老森林里，各种食物链都能自身维持下去。从理论上说，完整生态系统具有强大的活力，能维持亿万年。森林只不过是自然界无数食物链中的一个例子而已，每种食物链都有它自己的组成和复杂性。食物链彼此交织联成食物网，而食物网包含的动植物品种十分广泛。有些食物链甚至能从一个洲伸延到另一个洲。例如，通过飞鸟，就能构成这种洲际食物链。而滴滴涕这种杀虫剂原是在温带和热带国家中使用的，却在南极洲企鹅的脂肪组织中被发现。这一事实清晰地表明，在全球范围内，生物之间是相互关联的。

虽然生态系统本来是很稳定的，却存在着许多弱点。生态的平衡原本是一个完整体系，但是一次猛烈的风暴或火山爆发，就可以在几分钟内毁掉维持了几个世纪的平衡。况且生态失调并不一定需要那么大的破坏能力。即使突然除掉食物链中一个小小的组成部分，就可能使别的生物灭绝。例如，产生淡水鳟鱼的河流，向来水质清洁，流过草原和森林。然而由于杀虫剂排入河流，破坏了鳟鱼的食物链，或由于工业废水刺激了水藻的生长，使河流的生态发生变化。其结果是，美丽的鳟鱼消失了，只有泥鳅活着。水边美丽的花卉不再开放，只留下杂草和芦苇。

一旦生物的自我保护和自我繁殖的自然机能被破坏，就会出现生态系统的严重失调。比如产于北极的旅鼠 —— 一种类似田鼠的小动物，由于繁殖太多，对北极的生态系统尤其是高寒苔原造成了极大的破坏；水葫芦蔓延并填满了水库和水道；兔子吃光了澳大利亚羊的牧草；河鼠在水坝和排水沟内部钻穴打洞，危害堤坝。另外，在已建立的自然体系中，如果突然引进新的因素，例如生物的新品种或化学物质，则会一次又一次地破坏生态平衡。

总之，在很久很久以前，当人类的祖先还不会用灵巧的双手、敏捷的身躯和善于思索的头脑去改造世界时，自然界早已是一个令人惊异的复杂世界，动植物种类繁多，有鸣鸟的歌声，有花卉的色彩，有果树的芳香，但也有危险灾难和敌对行动。约数百万年以前，当人类祖先的脑髓难以解释地空前增大时，地球上就有了人类。从此，地球上显现出一种不同于其他自然力的力量，这就是人类的力量，因为人既能被动地去适应自然界，又能按照自己的意图去主动地改变自然界。

而随着人类力量的不断增强，人往往会产生一种错觉，认为自己可以指挥甚至征服整个自然界。因此，这种力量又是一种危险的力量，因为人的力量再大，

也不能改变自己是整个自然生态系统中一环的事实。人站在自然生态系统的最顶端，所依托的是整个自然环境。如果人类由于自身力量的强大而去破坏自然环境时，最终损害的也就是人类自己，因为人类是无法脱离自然界而独自生存的。

思考与启示

　　我们知道人类来源于自然环境，又依托于自然环境。人类只是自然的一分子，不可能凌驾于自然。有了这样一个人类发展与环境关系的起点上的认识，就为阅读后面章节的内容打下了基础。

第三章　远古时期人类环境与发展的关系

在人类诞生之后的绝大部分时间里，都以采集和狩猎为生（迄今仍有极少数的部落人群处于这种状态）。那时候人口数量很少，生产力极为低下，对环境的影响也非常小，生存状态可以说是与自然浑然一体。本书将这一时期称为远古时期（迄今200万至1万年前）。本章首先对这一时期人类的发展过程及其对环境的影响进行介绍，随后讲述走出原始森林的苦聪人和非洲小人国的故事，点面结合地回顾人类发展与环境变化。

第一节　远古时期人类的发展过程及其对环境的影响

在人类诞生之后的200万年里，除了最近的这几千年外，一直都是靠采集和狩猎的方式来生存。人们通过结成一个个小小的群体，过着居无定所的迁移生活。毫无疑问，当时人类采取的这种生存方式是最灵活、有效的，对自然生态系统损害也是最小的。通过这种生存方式，人类慢慢地在地球上扩散开来，进入到各种陆地生态系统之中。人类不仅在容易获得食物的地区生存下来，而且在北极、冰期欧洲的苔原和像澳大利亚及南非这样干燥地区的严酷条件中也得以生存。[①]

对于人类及其直接祖先的起源，以及人类最初的发展，现在我们只能借助于考古学，利用很少的证据进行考古推测。这些证据通常是古人类的某一部分骨头化石，有的时候少得只有腭骨和牙齿的化石。在考古学上把200万至150万年前的人类称做"直立人"，他们被认为是现代人类的直接祖先。而从已经获得的考

[①] 本节内容引用改编自《绿色世界：环境与伟大文明的衰落》（克莱夫·庞廷著，王毅、张学广译）。

古学的证据可知，在"直立人"之后的"智人"一直生活到迄今大约 10 万年前，后来"智人"则被东非和南非发现的第一批解剖学意义上的"现代人"所替代，而这些"现代人"被考古学命名为"今人"。到了迄今大约 3 万年前，现代人类就在世界各地遍布开来。

最早的人类应该是居住在从热带到亚热带的广阔栖息地带中。此一地带从埃塞俄比亚一直延伸到南非。当时人口数量很少，稀疏地散居着，并且呈群居状，主要依赖采集坚果、种子和植物生存，还可能食用其他食肉动物杀死的动物，另外也许还捕食一些小动物。这样一种基本的获取食物的生存方式——采集和狩猎，人类一直延续到大约 1 万年前农业发展起来为止。

作为一种生存方式，采集和狩猎现在仍然被为数不多的一些人类群体所采用，如西南非洲的布须曼人，非洲赤道热带森林中的俾格米人，东非的哈德扎人，印度和东南亚的一些部落，澳大利亚的阿布里吉人，北极的因纽特人和南美洲热带森林中的一些土著居民。而这些群体一直受到农业发展的排挤，目前基本上都处在一些贫瘠地带。

通常，人们对于采集和狩猎有一种看法，认为它是"肮脏的、野蛮的和短命的"。但在最近的几十年中，通过对现存的采集和狩猎部族的新的考古学研究，人们对于人类在他们历史的绝大部分时间中是如何度过的，以及他们是怎样融入到环境之中，已经产生了与以往截然不同的新见解。这些研究的结果向人们展现出这样一种生存方式：早期的人类能够从环境中获取足够的食物，而当时的环境比起那些原始部族今天所处的环境来讲，能获取的食物种类要丰富得多，获取的过程也容易得多。一般而言，远古时期的采集者和狩猎者们并不总是生活在饥饿威胁之下。相反，他们拥有营养充足的食谱。而多种多样的丰富食物，通常只是他们从环境中可以得到的食物总量的很小一部分。获取食物和其他劳动，通常只占一天时光的很小一部分，因此留下了大量的时间可用于消闲和祭祀活动。同时，额外的物质反而是早期人类那种流动生活方式的累赘，像打猎工具或者炊具这样的东西其实没有什么大的价值，因为它们很容易在新的地方用能够找到的材料来重新制作。在不同的季节，人们能获得不同种类的食物，生活模式在一年之中各有不同。

在绝大部分时间里，这些早期人类的群体规模很小，约为 25～50 人，而到了祭祀活动、结婚和其他社会活动时，他们就聚合为较大的群体，而这些活动都选择在食物的供应允许在一个地方聚集较多人口的时段来举行。在一个群落之中，并没有食物拥有者这样的概念，食物是分发给所有人的。食物不会被储存起来，因为这会影响迁徙，也因为经验告诉他们总是可以容易地获取到食物。例如，一个布须曼人对一个考古学家说："既然世界上已有这么多浆果，为什么我们还要去种植？"人们反而把休闲活动看得很重要，超过了去获取超出需求的食物供应或者是生产更多的物质产品（多了反而成为累赘）。

最早的人类是从非洲向中东、印度、南中国和印度尼西亚这一类地区迁移过去的。因为这些地区是无霜区，尽管用动物皮毛制成的衣物仍然是需要的。我们现在很难知道这种迁移的确切的时间表，因为在许多地方都还缺乏考古发掘的工作。但是，有一点很清楚，那就是直立人移居到非洲以外的地区大约是 150 万年前。约 1.2 万年前的最后那一次冰期结束后，人类才开始在欧洲永久性定居，这标志着人类在适应恶劣生态环境的能力方面有了一个重大进步。在这一时期内，整个斯堪的纳维亚地区、德国北部、波兰、俄罗斯的西北部和英国的绝大部分都被冰所覆盖，处在冰期的高峰。在大约 4 万年前，人类开始在澳大利亚定居。而美洲的定居几乎是人类在全球范围内迁移的最后一个阶段。

大约在 1 万年前，随着人类的前锋穿越北美洲和南美洲，地球上的每一个主要地区（南极洲除外）都有了人类的定居。而人类在太平洋和印度洋岛屿上的定居相对较晚。在这里的定居不是单纯地靠采集和狩猎方式来进行的，而是包括以原始的农业形式来获取生活资料的方式，尽管这些群体仍然依赖石制工具，仍然需要靠时不时地捕猎来补充他们的食物。在太平洋地区，马绍尔群岛和加罗林群岛等被密克罗尼西亚人所定居，然而，却是波利尼西亚人进行了最为频繁的航海。波利尼西亚人在公元前 1000 年左右从新几内亚抵达了汤加和萨摩亚群岛，又在公元 300 年左右由此进一步向东到达马克萨斯群岛。在那里，又过了大约一两个世纪，他们抵达了复活节岛和夏威夷。人类定居在太平洋和印度洋中的这最后两个主要群岛发生在公元 800 年左右。波利尼西亚人抵达了新西兰，此外人们还从印度尼西亚向西，定居在印度洋中的小岛以及马达加斯加岛上。

在数十万年的时间内，采集和狩猎群落逐渐适应了地球上每一种可能的生存环境，从非洲的亚热带地区到冰河时期的欧洲，从北极到西南非洲的沙漠。在这些不同的自然环境中，人们所采用的获取生活资料的手段相差很大：有的依赖于采集和捕猎小动物；有的是靠驯养驯鹿，捕杀野牛，以及按照北极生存所要求的不同方式进行复杂的融合。大多数情况下，当时这些人类群落是与环境的和谐相处的，只对自然生态系统形成了最低限度的损害。采集食物的确需要很详尽的知识——对一年之中不同时候在什么地方能够找到食物有很好的了解，这样就能够据此计划组织一年的采集食物的活动。放牧和捕猎动物同样也要求对动物们的习性与活动有透彻的了解。有证据表明这些群落中的一些已经试图根据资源的情况进行生产和生活安排，以便在长时间内能够维持食物供应。比如一年之中某些时候禁猎某些动物的图腾禁忌，或者是每隔几年才允许到一个地区去捕猎的模式，都有助于维持那些被捕猎的动物保持一定的数量。有些群落有自己的"圣地"，在那里是禁止捕猎的；其他一些群体，如加拿大的克里人，采用一种轮流捕猎的方式，要过很长时间才回到某个曾经捕猎过的地区，这就使得动物的数量能够从一次猎杀后得以恢复。采集和狩猎群体之所以在许多情况下都会避免过分榨取自然资源，除了不同文化的限制之外，还有一个主要的原因就是他们的人口数量很少，所以他们给予自然环境的压力也就有限。

不过，采集者和狩猎者在进入各种自然生态系统时绝不是被动的，他们在一些时候的确在很大程度上改变和损害了自然环境。例如东非的现代哈德扎人就会为获取少量的蜂蜜而大量摧毁野生蜂窝，他们因此而出了名；其他的群体也为了获取自己需要的野生植物而满不在乎地将树木成片连根拔起。而且，采集和狩猎群体也的确在改变野生"作物"生长的条件，他们以牺牲那些自己不需要的植物为代价来扩大对自己有用的那些植物的生产。这样做的效率最高方式之一就是放火烧。因此，在采集和狩猎群落中，使用火是非常普遍的。火极大地改变了动植物的生活环境，它可以使对人们有用的一年生植物在新开辟出来的土地上茁壮成长，可以增加养分循环。阿布里吉人通过在塔斯马尼亚有规律地用火烧地，来增加一种可食用的蕨类的产量；新西兰的毛利人也使用这样的技术来扩大可食用蕨类的种植面积，因为这种蕨类的根茎是他们的重要食物。有许多证据表明，在新几内亚，从大约3万年前开始，也就是人类首次定居后不久，那里就出现了包括砍伐、环状剥皮和用火烧在内的广泛的毁灭森林行为。把森林植被毁掉，目的是为了增加像薯类、香蕉和芋头等可供食用的植物，并为西米树提供空间。在冰河期过后的英国，成片的林地被用火清理出来，以便增加喂养马、鹿的草料的产量。绝大部分群落还对野生植物进行管理，如移植、在自然环境中播种、把争夺养分的那些植物除掉等。有些群落甚至使用了小规模的灌溉技术，以改善自己所需要的那些植物的生长环境。尽管用于自然生态系统之中的所有这些发明与真正的农耕还很不相同，但它们已触及了用人工系统来替代自然系统的方式，显示了人类对环境的改造，尽管规模很小，并且只是发生在一些有限的定居点上。

然而，采集和狩猎群体对环境影响最大的还是捕杀野兽。对于一个自然生态系统来说，野生动物的这一部分更容易被损害，因为它们的数量更少，尤其是一些大型动物或是处于食物链顶端的食肉动物，在过量地捕杀之后，它们的数量通常要过很长一段时间才能恢复。尽管有证据表明某些群体试图不过量捕杀野生动物，但更多的却是不加控制地捕杀，甚至使物种灭绝。在北美平原上的大规模捕杀野牛活动中，一次捕猎就可以杀死几百头野牛，尽管人们需要的只是几头。因为当时野牛的数量很多（大约5000万～6000万头），所以即使一年之中如此频繁和大规模的捕杀也不会对它们的数量产生实质性的影响。但是，数量较少的动物就会受到严重的损害了。由于猎人们倾向于集中捕杀某一种动物而排除其他动物，这样做后果更为严重。在北太平洋的阿留申群岛上，在公元前500年左右时人类定居于此，之后大约过了1000年的时间，由于捕杀，海獭最终就灭绝了。于是，由于定居者生活资料的基础被毁，他们不得不极大地改变自己的生存方式，去使用那些残存下来的资源，被迫接受了一种较低水平环境的生存资料。

在马达加斯加岛、夏威夷和新西兰等地的调查中可以很清楚地看到人类对动物数量所产生的影响。这些岛屿原先是与世隔绝的，有着独特的动物群。比如由于这些岛屿没有大型的哺乳动物，大型的不能飞的鸟类（如恐鸟）就发展起来，它们没有什么厉害的天敌，所以就成为岛上主要的动物。而对于人类的掠杀，这些大鸟们是无法抵御的。马达加斯加岛在有人定居后的几百年内，这些大型动物，包括一种不能飞的大鸟和一种矮小的河马都灭绝了。在夏威夷，人类定居后的1000年内，共有39种陆地鸟类灭绝了。在新西兰，毛利人遇到的是一种温和的气候，他们的许多传统作物，如香蕉、面包果和椰子，都是来自波利尼西亚人居住的亚热带岛屿，现在都不能在这里生长，甚至连山芋和芋头在北岛也不能生长。这就迫使他们对自己以前的食物模式进行巨大的改变，去食用蕨类植物和甘蓝菜叶，再加上海洋资源，而捕猎也变得更为重要，大量不能飞的鸟类被毫不留情地捕杀，包括它们的鸟蛋也被吃掉。所以，人类定居后的600年内，24种恐鸟和20种其他鸟类在新西兰就灭绝了。

采集和狩猎群落甚至可以在整个大陆的范围内对动物数量产生影响。在最后一次冰河期结束时，若干物种灭绝了。随着当时气候的改变，植物类型也发生了变化，继而又影响到那些活动在北欧和中欧的大型哺乳动物。在欧亚大陆，在数千年的时间内有5种大型动物——毛象、长毛犀牛、爱尔兰麋鹿、麝牛和干草原野牛——再加上若干种食肉动物，随着冰川的退去和苔原变为森林而灭绝。这其中虽然环境的变化对那些大型动物的灭绝产生了巨大的影响，而人类所进行的捕杀对于它们的灭绝更起了雪上加霜的作用，很可能是由此决定了这些动物是灭绝或是留存的命运。

但总体而言，远古时期人类以渔猎和采集为主，人口数量极少，生产力水平

极低，对自然环境的干预，相对于人类后来的发展，无论在程度上还是在规模上，都算是很小的。

第二节　走出原始森林的苦聪人

　　在这个纷繁复杂的大千世界，是否还存在与时代脱节的原始社会？在与人类现代文明相距甚远的高原密林、荒野深山，是否还残留有远古文明的气息？当经济发展的力量使全球成为一个"地球村"后，是否还有这样一个地方，续写它孤独的发展史？现在地球上每一个角落都或多或少被现代文明影响着、改变着，就像我们的环境，每时每刻都在被人类改造、利用，甚至破坏。但是，在60多年前，情况却并非如此，比如说，我国云南就曾经存在着一个神秘的部落——苦聪，他们生活在原始森林之中，世世代代刀耕火种，处于原始社会，这种生活状态一直持续到新中国成立后。

　　20世纪50年代，中央访问团到云南民族地区开展慰问活动，宣传党的民族政策。访问团发现金平县有一个少数民族长期住在与外界隔绝的原始密林中，他们当中许多人没有衣服，靠兽皮、树叶和布条来遮体，住的是草棚，棚顶盖竹叶或芭蕉叶，由于山里寒冷，又没有衣被，他们只能终年靠烤火取暖。他们的生产方式是刀耕火种，经常挨饿，是金平县最苦最穷的少数民族，急需帮助，这就是后来我们所知道和了解的苦聪人。

　　苦聪在古代汉语典籍里被称为"锅挫"，属于古代氐羌族群。史学家认为，"锅挫"是南北朝以后才从"叟"、"昆明"中分化出来的。最早作为一个民族群体出现是在今天云南楚雄西部至大理一带，时间是在唐朝。在这之后，这个群体过着采集和狩猎的生活，逐渐沿着山脉向南迁徙。20世纪初，苦聪人社会发展大部分还处于氏族公社末期阶段，过着居无定所的迁徙生活。

　　据调查，当时的金平县苦聪村寨，平均三户人家才有一把从外面换来的铁斧，有的地方还在用擦竹取火的原始方法。20世纪50年代参加中央访问团的工作人员，曾对苦聪人当时恶劣的生活状况有过一段真实的描写：大多数苦聪成年人没有衣服，婴儿用芭蕉叶包裹，家里没有碗，就用芭蕉叶盛饭吃。他们刀耕火种，种玉米，也种少量早稻，产量很低，每年至少缺粮3～6个月，只好靠采挖野菜、块根充饥。狩猎主要用弓弩打松鼠和猴子，有时打到大野兽则大家平均分着吃。有个苦聪人告诉工作人员说："我们的习惯是有什么就大家分着吃，没有吃的时候大家就一起挨饿。谁没有吃的都可以向别人讨，别人肯定会分给他一份，因为每个人都会有缺粮讨吃的时候。"苦聪人就是靠着这种团结互助渡过缺粮难关的。而苦聪人的窝棚里有个长年不灭的火塘，人和猪、狗、鸡都睡在火塘边，没有被子，下面就垫些草、树叶，有时下大雨，棚内漏雨，全家人便一起围着火塘保护火种不灭。

苦聪人需要外族的旧衣服、火枪、盐、铁器等，往往碍于没有衣服遮羞，交换时只好拿着兽皮、药材、篾器等，放在外族村寨边的路旁，自己则躲进附近草丛里监视。外族村寨的人一看便知道是苦聪人来交易了，就拿旧衣服、盐等物品放在旁边，拿走苦聪人的东西。苦聪人则要等别人走远后再出来拿走换回的东西。而这种交易方式，会出现别人多拿少给或白拿的情况，这时苦聪人便以射箭，或掷石块表示异议。如果别人要强行拿走，苦聪人就会抬着弓弩追击。如果苦聪人不放箭，就是表示同意。这种"默商"的交易方式，一直到 20 世纪 50 年代后期苦聪人基本定居后才告消失。

当政府得知苦聪人穷苦的生活状况时，决定给予救助，派出了大批的干部和解放军指战员，到莽莽林海中寻找苦聪人。不过，当时寻找苦聪人的困难很大，在金平县金竹寨一带，解放军曾三次派小分队进入森林寻找，但苦聪人见到生人就跑，跑得很快，无法追上，始终没有收获。于是政府便成立了民族工作队，与当地哈尼族、瑶族山寨的老百姓同吃同住同劳动。经过一段时间以后，工作队与群众打成一片，在瑶族的有关人员的帮助下，多次往返森林，送去粮食、火柴、盐和衣服等物品，让苦聪人十分感动，工作队便挨家挨户动员他们走出密林定居。到了 1956 年，他们找到了白大、白二、杨大三个部落，动员出 300 多名苦聪同胞走出密林居住。哈尼族帮助苦聪人盖房子，傣族兄弟让出了上好的田地给苦聪人，政府给了耕牛、家具，还派人教他们开荒种田，为他们建学校，实行免费上学，免费医疗，办互助组、合作社。开始苦聪人并不习惯定居生活，出来后又返回大森林，政府便又派人去动员，几经反复，直到 1960 年苦聪人才全部走出密林定居下来。

世事沧桑，走出大森林的苦聪人，生活又是怎样的呢？

金平县专门制订了一个帮助苦聪人出林定居、发展生产、逐步摆脱落后贫困，最终向社会主义过渡的规划，并组织一支苦聪民族工作队前往领导这项艰巨的工作。国家先后拨专款给苦聪人购买农具、耕牛、种子、口粮、衣服和其他生活用品，376 家苦聪人家平均得到国家赠送的价值在 200 元以上的物品。周围的各兄弟民族听说苦聪兄弟要出林了，也向他们伸出了友谊之手。住在半山的哈尼族、瑶族和住在河谷的傣族，送给苦聪人 500 多亩（1 亩 = 0.0667 公顷）水田，有些村寨把自己最好的水稻和棉花种子赠给苦聪兄弟。

新中国成立初期，由于金平县的苦聪人多穿着跟哈尼族交换来的旧衣服，因而在对苦聪人进行民族识别时，有些人曾经误认为他们是哈尼族的一支。1951年 8 月，当时的蒙自专区派出的民族访问团到苦聪人聚居地区调查时，发现其黑苦聪自称"拉祜纳"；黄苦聪自称"拉祜西"；白苦聪自称"拉祜普"，其语言词汇有 70% 接近拉祜族。一直到 1984 年，云南省民语委配合地方政府组织金平、绿春两县的苦聪人，前往澜沧拉祜族村寨走亲认族，结果证实双方语言词汇基本相通，风俗习惯也基本相同，苦聪人终于找到了自己的兄弟姐妹，找到了自己的根。1985 年 10 月，政府正式决定恢复苦聪人的"拉祜"自称，从 1987 年 8 月 9日起，云南省苦聪人被确定为拉祜族的一个支系。

进入 21 世纪之后，《哀牢山中部苦聪人帮扶五年规划》出台，规划用 5 年时间帮助苦聪人摆脱贫困；2006～2007 年以解决苦聪人的温饱安居问题为主，实施水、电、路、广播电视改造、学校、卫生等建设项目；之后三年，除了巩固完善温饱安居，更要大力实施产业开发扶贫，大力发展特色优势产业，这些特色优势产业包括烤烟、蚕桑、养殖、核桃等。

有一组数据很能反映这个历史的巨变。金平县者米乡是苦聪人聚居区，全乡共有 24 个拉祜村民小组，共计 5440 余人。2000 年他们的粮食产量达 1870 多吨，肥猪出栏 1895 头，人均有粮 358 千克，人均纯收入 417 元，不少村寨还有了电视机、收音机等家电产品。

除苦聪人外，在云南，新中国成立之初，仍然处于原始社会阶段的还有独龙族、怒族、佤族等 10 个少数民族兄弟。和所有民族一样，走出大森林的苦聪人，正凭着他们勤劳的双手与智慧，创造着新的生活。

第三节　非洲小人国

除了中国云南的苦聪人，在当今世界其他地方，也尚有少数族群依然生活在原始状态，仍然保持着人类诞生初期所采用的采集和狩猎的生活方式。例如在非洲丛林中生活的俾格米人部落。人类学家研究证实，俾格米人是史前桑加文化的继承人，是居住在非洲中部最原始的民族。他们最突出的特点就是身材非常矮小，成年男子身高大多为 1.2～1.3 米，不超过 1.4 米。

俾格米人，俗称小矮人。顾名思义，他们的特点之一是身材矮小。另一个特点是他们仍然保持着古老的生活方式与习俗。这种古老的生活方式与习俗在如今这个文明空前交融的时代还得以保持似乎就是一个奇迹。

目前，非洲大陆的中非共和国、几内亚、喀麦隆、卢旺达、刚果（布）、刚果（金）、布隆迪、加蓬、安哥拉、赞比亚等国家和地区茂密的原始森林里都有俾格米人居住。据不完全统计，现在非洲的俾格米人约有 20 万人，他们住在热带丛林里，依靠森林为生，过着与世隔绝的生活，自称是"森林之子"。其中喀麦隆的原始森林是俾格米人主要的聚集区。当地最大的俾格米部族是巴卡部落，近 4 万人，其次是巴科拉部落和梅德藏部落，分别约有 3700 人和近 1000 人。

喀麦隆西南沿海洁白的沙滩、蜿蜒曲折的沿海公路、高大的椰子树、独木舟……这些热带风光足以让游客驻足，然而当地最有意思的游览还是乘独木舟探访俾格米人。吉普车离开沙滩，很快就钻进了无边无际的热带雨林，一条土路将游客引到河流的渡口。这里的河面宽阔而平静，两岸是密不透风的雨林。一只船载 4～6 名游客，有 2 名船工划船。独木舟沿着平静的河面向雨林深处划去，不时有另一只独木舟从对面驶过来，显然到丛林去探访卑格米人的游客络绎不绝。在丛林的深处登岸后，游客就会随导游沿着一条根本不是路的林中小径直入丛林。小径两旁都是一些枝叶交错、藤蔓攀缠、光怪陆离的大树和怪木，丛林深处偶尔还传来一声声古怪的鸟叫声。如果不是导游带领，一般人是不敢走进这个神秘的丛林的。

之后，游客们便会来到一块被芭蕉和芒果树围绕的空地，上面盖有 3～5 间茅舍，几个手持梭镖的俾格米人已经在路口相迎。他们有的赤膊，有的穿 T 恤。他们果然长得很矮小，最高的也不超过 1.4 米，大部分都是 1.2～1.3 米左右，但他们身材匀称。他们挺胸凸肚，连肚脐眼都特别向外突出，走起路来有点"外八字"。那些茅舍都是用树枝、藤蔓、树皮和树叶糊上泥土搭成的，非常简易，经不起稍微大一点的风吹。茅舍里面空空如也，几乎没有什么可以称为家具的东西。几个俾格米妇女坐在一个茅舍凉亭里，好像是刚吃了饭在聊天，旁边是一些锅、碗类的炊具；几个孩子在旁边跑来跑去……这是一幅普通而生动的民间风俗图。

这些俾格米人说着自己的语言，游客只能通过导游与他们交谈。他们主要是以狩猎和捕鱼为生，但也种木薯。他们一般是不使用货币的，与其他部落的贸易来往还是物物交换，他们的生活方式还停留在原始阶段。

然而，一些靠近森林边缘的俾格米人已经不是纯粹的俾格米人了，他们已经

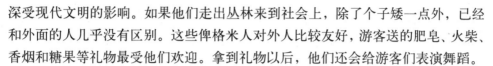

深受现代文明的影响。如果他们走出丛林来到社会上，除了个子矮一点外，已经和外面的人几乎没有区别。这些俾格米人对外人比较友好，游客送的肥皂、火柴、香烟和糖果等礼物最受他们欢迎。拿到礼物以后，他们还会给游客们表演舞蹈。

但森林深处的俾格米人对外人有敌视情绪，曾经发生过俾格米人袭击游客的事件。森林深处的俾格米人主要靠打猎和采集生活。男人主要打猎，猎物甚至包括大象和狮子。他们会制作一种麻醉剂，遇到动物以后，就用弓箭来射，这样动物就会被捕获。而女人主要是采集树根和野果。

俾格米人没有自己的文字，但有自己的语言。他们没有数的概念，也没有时间的概念，不知道自己的年龄。他们的寿命一般为 30 ~ 40 岁。这主要是因为他们生活条件十分艰苦，医疗卫生更谈不上，因此寿命一般较短。

非洲有关国家政府希望俾格米人离开丛林，住到离公路近一点儿的地方，以便向他们供应生活必需品。例如，中非共和国就曾经试图让俾格米人搬出丛林，过现代人的生活，但都以失败告终。俾格米人似乎还没有决定离开故土和改变祖先留下的生活方式。中非共和国每年国庆的时候，都会有一个由俾格米人组成的队伍参加国庆游行。这时，该国的总统总是高兴地对客人说："我们的公民来了。"

很早的时候，俾格米人曾经生活在平原上，由于身材矮小，受到其他部族的歧视，于是慢慢地被迁移进了原始森林。俾格米人是通过部族首领来进行管理的。几户到十几户为一个小的部落，大的部落有几十户到上百户。各个部落不分大小，都有自己的首领。首领是通过自己的权威进行管理，例如：打猎回来后他们将猎物进行平均分配，只是首领的那份比别人多些。俾格米人吃熟食，他们打到了猎物之后，便将猎物整个放在火上烤，然后就用手撕着吃；他们挖来薯根后便放在一个容器里煮，然后捣碎，用手抓着吃。

俾格米人最爱吃的食品是蜂蜜。如果他们发现有一窝蜜蜂，便会点起大火将蜜蜂熏死，然后用手伸到蜂窝里去挖蜂蜜吃，甚至不顾残余蜜蜂的蜇咬，吃不完的，他们就用树叶包起来带回家。

在外人看起来，俾格米人似乎过着"世外桃源"式的生活，但是这种生活其实极为艰难，比如，有时打不到猎物，就会连续几天饿肚子；居住条件也非常简陋，只是用树枝和树叶搭就的草棚，既不避风，也不挡雨。另外，森林里毒蚊和毒虫很多，俾格米人经常要遭到它们的叮咬。

尽管俾格米人过着原始社会的生活，但他们的婚姻制度却是一夫一妻制。一个小伙若是看中了某家的姑娘，他就去向姑娘求婚。姑娘若是同意，小伙便会留在她家接受考验。白天他要与姑娘的父亲一起打猎，晚上则可以与姑娘同居。通过一段时间的考验，若是姑娘全家没有意见，这门亲事便算成功了。小伙家里送来财礼后，便可把姑娘接到家里去成亲。

思考与启示

　　远古时期，人类的生活与环境是浑然一体的。人类不是自然的征服者而是共生体。尽管这种生活方式是一种生存效率和质量都非常低下的生活方式，但也值得今天的人类认真研究和反思，从中也可获取一些有益的启示，诸如敬畏自然，懂得知足、节制的理念和态度等。

第四章　农业文明时期人类环境与发展的关系

从农业文明时期开始，人类掌握了一定的劳动工具，具备了一定的生产能力，在人口数量不断增加的情况下，对自然的开发利用强度也在不断加大。于是在局部地区出现了因过度放牧和过度毁林开荒引起的水土流失和土地荒漠化，这成为农业文明时代的主要环境问题。这些环境问题迫使人们经常地迁移、变换栖息地，有的甚至酿成了覆灭的悲剧。

第一节　农业文明时期的生态演变与社会发展

本节在描述了农业革命带来的生态环境变化和问题之后，依次介绍了世界上各大古代文明的兴衰，最后借用恩格斯的话指出这些文明衰落背后深刻的环境与发展内在关系，告诫人们不能过分陶醉于对自然界的征服。[①]

德国学者西拉姆说过这样一段话："人类假如想要看到自己的渺小，无须仰望繁星闪烁的苍穹，只要看一看在我们之前就存在过、繁荣过，而已经灭亡了的古代的文明就足够了。"

随着人类掌握了火的使用方法和工具的制造，其征服自然的能力显著提高，对环境的利用也更加深入。农业革命以前，地球上的人口很少，人类活动的范围也只占地球表面的极小部分。从总体上讲，那时人类对自然的影响力还很小，以采集和狩猎为生，主要是被动地适应自然环境。那时，虽然也已经出现了环境问题，但并不严重，地球的自然生态系统有足够的能力自行恢复和保持平衡。

但农业革命以后，情况有了很大变化。一是人口出现了历史上第一次迅速增长，据推算，全球人口由距今 1 万年前的旧石器时代末期的约 530 多万增加到距

[①] 本节内容引用改编自《中国生态演变与治理方略》（姜春云）。

今 2000 年前后的约 1.33 亿。随着人口的大量增加，人类对地球环境的影响范围和程度也随之增大。二是人们学会了驯化野生动植物，有目的的耕种和驯养成为人们获取食物的主要手段，这使人类的食物来源有了保障。而随着农业和畜牧业的发展，人类利用和改造自然环境的力量与作用越来越大，相应的生态问题也日渐突出。从那时起，由于农业文明发展不当带来的生态与环境的恶化，致使文明衰落的变故屡见不鲜。

一、古巴比伦文明的兴衰

在美索不达米亚平原上，曾经诞生过人类的最古老的文明 —— 灿烂的古巴比伦文明。这块广袤肥美的平原，是由发源于小亚细亚山地的两大河流 —— 幼发拉底河和底格里斯河冲积而成的。公元前 4000 年，苏美尔人和阿卡德人就在肥沃的美索不达米亚两河流域发展起灌溉农业。由于幼发拉底河高于底格里斯河，人们很容易用幼发拉底河的水灌溉农田，然后将灌溉水排入底格里斯河，再流入大海。如此良好的生态系统促进了农业的发展，农业的发展又带来了社会经济的繁荣昌盛，人们在两河流域建立了宏伟的城邦。然而从公元前 500 多年开始，巴比伦文明逐渐走向式微并最终被埋葬在沙漠下，成了令人扼腕的历史遗迹。古巴比伦文明的消失曾经是一个难解之谜，而地理学家和生态学家对此作出了令人信服的破解：古巴比伦文明衰落的根本原因在于不合理的灌溉。由于古巴比伦人对森林的破坏，加之地中海的气候因素，致使河道和灌溉沟渠严重淤塞。为此，人们不得不重新开挖新的灌溉渠道，之后这些灌溉渠道又重新淤积阻塞。如此恶性循环，使得水越来越难以流入农田。一方面，森林和水系的破坏，导致土地荒漠化、沙化；另一方面，古巴比伦人只知道引水灌溉，却不懂得如何排水。由于缺少排水系统，致使美索不达米亚平原地下水位不断上升，这片沃土也被罩上了一层又厚又白的"盐"外套，使淤泥和土地盐渍化。生态的恶化，终于使古巴比伦郁郁葱葱的原野日渐褪色，随着马其顿征服者的重新建都，人们被迫离开家园，那些高大的神庙和美丽的花园也坍塌了。如今在伊拉克境内的古巴比伦遗址已是满目荒凉。

二、古埃及文明的兴衰

可以说是"尼罗河的赐予"造就了古埃及文明。历史上，每到夏季，随着河水的漫溢，来自尼罗河上游的富含无机矿物质和有机质的淤泥总会给下游平原留下一层肥沃的有机沉积物，其数量既不堵塞河流，也不影响灌溉和泄洪，又可补充田地中被作物所吸收掉的矿物质养分，近乎完美地满足了农作物的需要，从而使这片上地能够生产大量的粮食来养育众多的人口。历史学家认为，埃及漫长而富于生命力的文明正是由这无比优越的自然条件造就的，并由此兴盛了将近百代人。后来虽然古埃及的统治者几经变化，但这块古老的土地依然帮助那些征服者们度过了 2000 多年的富足生活。然而，由于尼罗河上游地区的森林长期以来不断遭到砍伐，以及过度垦荒、放牧等，导致水土流失日益加剧，尼罗河中的泥沙急剧增加，大片的土地荒漠化、沙漠化，昔日的"地中海粮仓"逐渐失去了辉煌的光芒，最终成为地球上生态与环境严重恶化、经济贫困的地区之一。

三、古印度文明的兴衰

与古巴比伦文明、古埃及文明、中华文明一样，古印度文明也被称为是世界四大古文明之一。其文明的发端与所依赖的自然环境有密切的关系。印度半岛的大部分地区是一个坡度徐缓的高原，这里江河纵横，土地肥沃，农业发达。北面的喜马拉雅山脉如屏障耸立，南面则以低矮的温德亚山与德干高原相隔。印度平原的面积远远超过了法国、德国和意大利面积的总和。在这广阔的平原沃野上，流淌着印度河和恒河。我们已知的印度史上最古老的文明——哈拉巴文明，就是在北印度平原的印度河—恒河平原上产生的。北印度平原被其普拿沙漠和阿拉瓦利山脉分为两个部分。沙漠以西的平原为印度河所灌溉，沙漠以东的平原为恒河及其支流所灌溉。河流将高原上的土壤带到平原上堆积起来，使土地肥沃，并且河流使交通十分便利。大自然的慷慨赐予印度河—恒河流域丰饶的生态与环境，它哺育滋养了悠远的古印度文明。然而，由于森林的急剧破坏，致使这个处于热带地区的文明古国的生态系统变得极其脆弱。不仅许多昔日的沃野良田变成了沙漠，而且水旱灾害连年不断，水土流失十分严重，而不合理的灌溉又加剧了土地的盐碱化，古印度文明渐渐衰落。

四、中华文明的演变

伟大的中华文明是四大文明中诞生最晚的一个，却是唯一从未间断、延续至今的一个古老文明。中华文明的组成不仅包括定居于黄河、长江流域以农耕为主要生产方式的华夏文明，也包括若干以游牧为主要生产方式的少数民族文明。中华文明的演进过程，是多种文明因素的整合。中华文明从始至终都不是一个封闭的体系，而是在中国地域内由各个文明形态在相互借鉴、相互模仿的过程中不断发展变化而来的。但是，黄河流域和长江流域是中华文明的摇篮却是不争的事实，并且，以游牧为主要生产方式的少数民族的文明也要以适宜于游牧的自然生态环境为支撑。

中华文明能够延续至今，一方面与它所依存的自然生态环境有着极为密切的关系，另一方面也与我们的先民比较注重人与自然的和谐相处有关（这一点在本章最后一节再介绍）。虽然黄河流域的森林被破坏也导致了气候的变化，但是华夏大地地大物博，具有丰富的生物多样性，这就使得中华文明体系对自然环境的变化具有较强的适应机制。长江、黄河流域夏季雨量集中，地表径流畅通，不易造成土壤的盐渍化。同时，先民的生产方式不像其他的大河文明那样以灌溉为起始点，他们首先采取的是旱地耕作方式。黄河流域以粟、麻、桑为主要作物，以耐旱作物为主，不用灌溉。而传统的农业养地方式，如轮作和套种、有机肥的施用等以及南方的精耕细作、育秧、移栽、排水灌溉等精湛的农业技术也有效地保护了土壤。

虽然古老的中华文明得以延续，但是森林的破坏、过度放牧等行为导致的历史悲剧仍然在不断上演。中国周代时期的森林覆盖率高达53%以上，而目前的森林覆盖率仅为13.9%。内蒙古科尔沁曾是一片水草丰美的大草原，但由于大规模地建造宫殿和陵寝，人口急剧增长，农业大规模开发，加之战事连年，导致森林植被大量衰减，尤其在明清两代，森林被破坏的程度尤为严重。美丽的大草原逐渐失色。水土流失导致黄河泥沙的含量增多，"天苍苍野茫茫，风吹草低见牛羊"和"金张掖，银武威"的优美环境消失不见了，代之以沟壑纵横的黄土高原和沙漠，铺天盖地的沙尘暴堵塞了农渠，发芽的麦苗被连根刮走。中国土地荒漠化的面积相当于总耕地的2倍多。随着环境的变迁，中华文明的中心从古代的黄河流域逐渐南移。

五、古地中海文明的演变

地中海地区是西方文明的发源地。历史上的一段时期，沿地中海的一些国家都曾出现进步而又生气勃勃的文明。如今，这一地区的大多数国家都沦为世界上相对贫困落后的地区，其中有些国家现在的人口也仅为繁荣时期的1/2或1/3。地中海地区多数国家的文明兴衰过程都非常相似：起初，在大自然的漫长年代造就的肥沃土地上，文明兴起并持续进步达几个世纪。随着开垦规模的扩大，越来越多的森林和草原植被遭到毁坏，富有生产力的表层土也随之遭到侵蚀、剥离和流失，损耗了农作物生长所需的大量有机质营养，于是农业生产日趋下降。随着土地生产力的衰竭，它所支持的古文明也就逐渐衰落。

恩格斯在考察古代文明的衰落之后，针对人类破坏生态与环境的恶果，曾经指出：美索不达米亚、希腊、小亚细亚以及其他各地的居民，为了得到耕地，把森林都砍完了，但是他们做梦也想不到，今天这些地方竟因此成为荒芜的不毛之地，因为他们使这些地方失去了森林，也失去了积聚和贮存水分的中心。阿尔卑斯山的意大利人，当他们在山南坡把在山北坡得到精心保护的同一种松林砍光时，他们没有预料到，这样一来，区域里的高山畜牧业的基础也被他们自己给摧毁了；他们更没有预料到，这样做的结果，竟使山泉在一年中的大部分时间内枯竭了，而在雨季又使更加凶猛的洪水倾泻到平原上。恩格斯告诫人类说："我们不要过分陶醉于我们对自然界的胜利。对于每一次这样的胜利，自然界都报复了我们。每一次胜利，在第一步都确实取得了我们预期的结果，但是在第二步和第三步却有了完全不同的、出乎预料的影响，常常把第一个结果又抵消了。因此我们必须时时记住：我们统治自然界，决不应像征服者统治异族一样，决不能像站在自然界以外的人一样，相反，我们连同我们的肉、血和头脑都是属于自然界，存在于自然界的；我们对自然界的整个统治，是由于我们比其他一切动物强，能够认识和正确运用自然规律。"

第二节　玛雅文明的陨落

　　玛雅，是一个神秘的名字。人们常常回想起它高度发达的天文、数学成就，也常常惋惜它巅峰之后的急速衰落。玛雅如此灿烂的文明与其所处的特殊的环境密不可分，但是它对环境无止境的索取和破坏最终葬送了自己！如今我们只能从它为数不多的遗址来猜测它曾经的种种。

　　有着辉煌历史的玛雅文明并非起源于大河平原，而是崛起在贫瘠的火山高地和茂密的热带雨林之中。19世纪中叶，在中美洲热带森林里，探险家们发现了用巨大石块建造的雄伟壮观的神殿庙宇，由此推测这里曾经诞生过一种伟大的文明——玛雅文明。

　　那么，玛雅文明为什么在不到1000年的时间里就由兴盛走向衰落呢？

　　蒂卡尔城是如今古玛雅保存最完好的遗址。17世纪末，一名西班牙传教士在丛林中发现蒂卡尔城一处遗址。1848年，才有第一支科学考古远征队来到蒂卡尔。直到1956年，美国100多名考古专家经危地马拉政府同意前往蒂卡尔考察发掘，这座130平方千米、布局十分合理的古代玛雅城市才重见天日。

专家们住棕榈茅屋、睡吊床、吃玛雅人的食物（玉米小饼、豆类），从玛雅先民设计建造的水库里汲水，用斧子、短刀砍去树枝，清理场地，然后观察、摄影，为那些依然完好的金字塔、祭坛和道路绘制图样，并把所发现的物品进行登记。经过长达14年的艰苦发掘，清理了500多座建筑以及成吨的文物，单在城市中心区就有大型金字塔10余座，小型神庙50余座。这座城市从公元前6世纪起就建有金字塔坛庙建筑群，延续的时间长达1600～1700年，直到公元10世纪才突然由盛而衰，逐渐变成废墟。

古玛雅指印第安人的一支玛雅人居住的地区，范围约为今墨西哥南部塔巴斯克、坎佩切、尤卡坦等州和危地马拉、洪都拉斯以及伯利兹外围地区。早在公元1～5世纪，玛雅人先后在该地区兴建一些城邦，全盛时期人口曾达1400万，当时玛雅地区已经拥有发达的农业，在天文、数学、建筑等领域也有卓越的创造。古玛雅人发明了太阳历和圣年历，其精确度超过同时代古希腊、古罗马所用历法；他们的数学采用二十进制（一说发明并使用了"零"的概念）；尤其是玛雅金字塔，其建筑规模令人称奇，堪与埃及金字塔媲美。然而，这样辉煌灿烂的玛雅文明，却在公元10世纪前后猛然衰落，许多重要的祭祀仪式的场所甚至城邦被抛弃，大范围的战争加速了玛雅文明的衰亡，来自墨西哥中心的武士入侵使得玛雅文明的传承被打破。最后，在公元17世纪，西班牙人夺取了最后一个玛雅中心。而此时的玛雅文明，比起曾经的灿若繁星，早已暗如衰萤。

蒂卡尔的灭亡可以看作是玛雅文明灭亡的一个代表。考古专家们考证发现，在蒂卡尔消亡的前夕，长期的大兴土木造成了对森林、水源的破坏，城邦间的战争消耗了蒂卡尔的实力，罕见的旱灾，以及火灾、地震、瘟疫等其他自然灾害接踵而来，盛极一时的蒂卡尔迅速走向衰亡的道路，最终覆灭在墨西哥武士的铁蹄下，成为历史的绝唱。

在这个意义上，玛雅文明陨落的原因仍然是由于玛雅人的生产方式而最终导致地力的衰竭。玛雅文明虽然是城市文明，却是建立在玉米农业的基础之上。玛雅人采用一种非常原始的耕作方法：他们先把树木砍光，并在雨季到来之前放火焚烧，以草木灰作为肥料，覆盖住贫瘠的雨林土壤。烧一次种一茬，其后要休耕几年，待草木长得比较茂盛之后再烧再种。当文明繁盛、人口迅速增长时，农业的压力越来越大，人们越来越多地毁林开荒，同时把休耕时间尽量缩短。其结果必然导致土壤肥力下降，玉米产量减少，使玛雅人面临着生态环境恶化、生活资源枯竭的严重问题。气候的变化、环境的破坏、饮用水的缺乏、经济作物品种单一，以及人口压力的增长导致的粮食缺乏，最终导致灿烂的玛雅文明的衰亡。有

一首关于玛雅文明的诗如此写道：

　　星空映照着的古玛雅

　　无语沉寂在一片荫郁的丛林中

　　曾经执著的望星人

　　如今

　　早已不知所踪

　　青藤古蔓

　　延伸在曾经辉煌的城墙上

　　这迷失在时光中的城市

　　荒芜而孤凉

　　从前葡匐在它脚下的树木

　　结成一张密不透风的网

　　淹没了昔日的繁华

　　它像一只散了架的帆船

　　搁浅在茫茫的林海中

　　桅杆已经遗失

　　名字也早就被遗忘

　　她的舵手已弃船而去

　　无人能告知

　　她从何处来

　　又将往何处去

　　她颠簸漂流了多久

　　等待着有人

　　来拨开时间的迷雾

　　重现那加勒比海的浓雾

　　都掩盖不了的

　　恢宏

　　忧伤的玛雅一声

　　叹息穿越时空

　　……

　　没有什么事件比一种文明的突然消亡更让人悲恸。西半球的玛雅文明，曾经是地球上最灿烂的一朵奇葩，然而，它生于大自然之手也败于大自然之手，是因为过分相信自己的力量而去挑战大自然的权威吗？时至今日，我们也只能做一些猜测了。然而，吸取历史的经验教训，我们却可以做好另一件事情，那就是保护好现在的自然环境，不要让我们的子孙再为我们而叹息。

第三节　楼兰古国的兴衰

提到楼兰，大家最先想到的是什么？是丝绸之路？是汉朝与匈奴百余年争斗的历史？还是楼兰美女？不过，最让大家叹息的，就是楼兰的消亡。是什么使得西域明珠楼兰在文明的高峰突然衰落？水土流失、河流改道、风沙侵袭还是瘟疫肆虐？大家有着不同的理解和看法，但有一点是肯定的，楼兰的消亡与环境的破坏和无序的发展有着密切的关系。

楼兰古国，地处新疆巴音郭楞蒙古自治州若羌县北境、罗布泊的西北角、孔雀河道南岸的 7 千米处，整个遗址散布在罗布泊西岸的雅丹地貌群中，是新疆最荒凉的地区之一。唐代高僧玄奘对其作了极其简单的记述："从此东北行千余里，至纳缚波故国，即楼兰地也。"

而罗布泊位于我国新疆塔克拉玛大沙漠的东北部，塔里木河的下游，原来是一个 2000 多平方千米的大湖，2000 多年前的楼兰古国就建在它的边上。楼兰古国是公元前后，丝绸之路上一个非常重要的王国，因为地处塔里木盆地南北水流交汇之处，楼兰成为当时欧亚通道上的必经之地，楼兰因此而繁荣起来，建立了庞大的城市。历史上的楼兰古国百草丰茂、清泉淙淙，是西域一个富饶的国度。但是随着罗布泊渐渐干涸，在繁荣了几个世纪之后，楼兰古国终于在人们眼前消失得无影无踪了。现在的罗布泊成了没有生命的无边荒漠，被人们称为"死亡之海"。而楼兰古国也只剩下断壁残垣的遗迹，回荡着悲鸣的风声，如在诉说着逝去的古老传说。

经考古发现，楼兰古城占地面积约 0.12 平方千米，长约 330 千米，形状接近正方形。关于楼兰的最早记载见于司马迁的《史记》："楼兰，姑师邑有城郭，临盐泽。"在《汉书·西域传》中，亦有记载云："鄯善国，本名楼兰，王治扞泥城，去阳关千六百里，去长安六千一百里。户千五百七十，口四万四千一百。"东晋名僧法显谓："其地崎岖薄瘠。俗人衣服粗与汉地同，但以毯褐为异。其国王奉法。可有四千余僧，悉小乘学。"可以想见楼兰古国曾经的繁荣昌盛，恐

怕也不会逊于中原的文明。

据考证，楼兰古国范围东起古阳关附近，西至尼雅古城，南至阿尔金山，北到哈密。楼兰古城是楼兰古国前期重要的政治经济中心，在丝绸古道上盛极一时。这里地势平坦，水草丰茂，盛产鱼虾、蒲苇、野麻，有玉石、驴马、马鹿、骆驼等丰富物产，人口兴旺。居民以渔猎畜牧为生。在古丝绸之路上，楼兰古道是主要的通道，古西域的交通枢纽，往西、往东、往南、往北可通向西域全境，形成交通网络。

但是，声名显赫的楼兰古国在繁荣兴旺了五六百年以后，却史不记载，传不列名。公元 4 世纪之后，楼兰古国突然间销声匿迹了。公元 400 年，高僧法显西行取经，途经楼兰，不禁感叹："上无飞鸟，下无走兽，遍及望目，唯以死人枯骨为标识耳。"7 世纪时，当唐玄奘取经归来，看到楼兰国"城廓岿然，人烟断绝"，其萧条之景，顿生沧海桑田之感慨！

楼兰古国为什么会消失呢？是什么原因导致了当年丝绸之路的要冲——楼兰古城变成了人迹罕至的沙漠戈壁？

当时全球气候干旱固然是大背景（除了楼兰，尼雅、可汉城、米兰城等也在公元前后至 4 世纪中期消亡），人类活动更对楼兰生态带来了不可逆的影响。

水源和树木是荒原上绿洲能够存在的关键。楼兰古城正是建立在当时水系发达的孔雀河下游三角洲，这里曾有长势繁茂的胡杨树。当年楼兰人在罗布泊边建造了十多万平方米的楼兰古城，为此他们砍伐了大量树木和芦苇。纵使楼兰建在水系发达的孔雀河下游三角洲，也不能满足日益增长的人口的需要。随着人类活动的日益加剧以及水系的变化、战争的破坏，原本脆弱的生态系统进一步恶化，在楼兰古城发现的"男根树桩"也说明，楼兰人感觉到生存危机，祈求生殖崇拜来保佑其子孙繁衍下去，但是他们大量砍伐本已稀少的树木，使得已经恶化的生态环境雪上加霜。

据《水经注》记载，东汉以后，由于当时塔里木河中游的注滨河改道，导致楼兰严重缺水。敦煌的索勒率兵 1000 人来到楼兰，又召集鄯善、焉耆、龟兹三国兵士 3000 人，不分昼夜横断注滨河引水进入楼兰缓解了楼兰缺水困境。但在此之后，尽管楼兰人为疏浚河道做出了最大限度的尝试和努力，但楼兰古城最终还是因断水而废弃了。公元 3 世纪后，流入罗布泊的塔里木河下游河床被风沙淤塞，并改道南流，致使楼兰"国久空旷，城皆荒芜"。

楼兰人违背自然规律，盲目滥砍乱伐，致使水土流失、风沙侵袭、河流改道、气候反常、水分减少、盐碱日积，最终将曾经富饶的王国带向了不归路。辉煌的楼兰古城永远地从历史上无声地消逝了，"古国明月夜，叹声应犹哀"，虽然逃亡的楼兰人一代接一代地做着复活楼兰的梦，但是，梦只能是梦。而且，梦到最后，连做梦的人都等不及了。楼兰，依然是风沙的领地，死亡的王国。

有专家认为，给楼兰人最后一击的，很有可能是瘟疫。传说这种病叫"热窝子病"，这是一种可怕的急性传染病，往往是"一病一村子，一死一家子"。在巨大的灾难面前，楼兰人选择了逃亡——就像先前的迁徙一样，都是被迫的。楼兰国瓦解了，人们盲目地逆塔里木河而上，哪里有树有水，就往哪里去；哪里能活命，就往哪里去。他们迁徙时，正赶上前所未有、葬地埋天的沙尘暴，天昏地暗、飞沙走石、风声阵阵、凄厉如鬼哭，一座城池在混浊模糊中轰然而散，散去的，还有它的文明传承与信仰支撑。

也有专家指出，古楼兰的衰亡也是与社会人文因素紧密相连的。根据文献记载，楼兰古国的最后存在时间是东晋十六国时期，这正是我国历史上政局最为混乱的时期，北方许多民族自立为国，相互征战。而楼兰正是军事要冲、兵家必争之地。频繁的战争、掠夺性的洗劫使楼兰的植被和交通商贸地位受到了毁灭性的破坏。而沙漠边缘的古国，丧失了这两个基本要素，也不可能存在下去。于是，它就变成了今天满目黄沙、一片苍茫的遗址。

而罗布泊的最终干涸，则与塔里木河上游的过度开发有关。当年人们在塔里木河上游大量引水后，致使塔里木河水量入不敷出，下游出现断流。罗布泊也由于没有来水补给，便迅速开始萎缩，终至最后消亡。所以楼兰古国的消亡固然有着自然的因素，但是我们不可否认的是，人类对罗布泊地区的环境的负面影响和对其的破坏所起的作用。人们为了眼前的发展而造成不可挽回的错误，这样的例子有很多。

西北干旱区的土地开发，对生态系统，特别是对湖泊湿地退化的影响尤为突出。20世纪50年代初，新疆大于1平方千米的湖泊有150多个，湖泊总面积约9000平方千米。长期以来，人类活动使大量河水消耗在支流和上中游地区，造成下游水量剧减或断流，致使终端的湖泊发生了很大变化，罗布泊的干涸只是其中最典型的一例。

从罗布泊的湖相沉积和湖岸线来看，可推测历史上湖水面积最大时曾达到5350平方千米，入湖水量约有84.3亿立方米。汉代，塔里木盆地人口约23万，虽有一定的农业生产，但从河流中引水灌溉有限（约占1.5%），维持84.3亿立方米的入湖水量完全可能。据《汉书》记载，罗布泊"广袤三百里，其水停居，冬夏不增减"。唐代，农业灌溉面积扩大，入湖水量相应减少。塔里木河下

游水量大幅度减少，是清代中期以后发生的。《河源纪略》记述罗布泊"淖尔东西二百里，南北百余里，冬夏不盈缩"。但到了清末，罗布泊仅"水涨时东西长八九十里，南北宽二三里或一二里不等"，可见湖泊面积缩小明显加剧。20 世纪初塔里木盆地人口增至 150 万，耕地面积亦不断扩大。以当时的毛灌定额，若按照目前的水平，引水量可达 132 亿立方米，占塔里木盆地水资源总量（392.6 亿立方米）的 33.6%。由于进入的水资源处于临界利用状态，罗布泊的面积急剧缩小。1930 ~ 1931 年实测罗布泊的面积为 1900 平方千米，已较历史上最大面积缩小 64%。1962 年，罗布泊面积竟缩小为 660 平方千米，只相当于最大面积的 12.3%。至 1972 年，罗布泊最终全部干涸。

无论是怎样的原因，时至今日，古楼兰的消亡已经成为人类发展的一面清晰的镜子和生动的反面教材。楼兰已经回不来了，空余了许多叹息。楼兰，最终淹没在历史滚滚的车轮中。楼兰，彻底画上了句号。

楼兰，这个美丽的名字，曾经是西域的天之骄子，也曾经是美丽、富饶的代名词，但是时至今日，它却是环境破坏的象征，是人类心中一个永远的痛。如果楼兰芳华今仍在，那会是多少人心目中的圣地，牵绕着多少人寻根的梦想，但是她只余一声悲凉的叹息。楼兰，将时刻提醒我们，人类唯有与环境和谐共处，才会拥有更加美好灿烂的明天！

第四节　农业文明时期环境与发展的哲学思想基础

本节对农业文明时期环境与发展的各种哲学思想基础，包括道家、儒家、佛教等进行了剖析，指出自然人文主义是这一时期的主导，也是东方古代文明中的核心部分。[①]

农业文明时期的环境问题，主要是生态破坏的问题。但纵观农业文明的历史，环境问题还只是局部的、零散的，还没有上升为影响整个人类社会生存和发展的问题。这与农业文明时期的哲学思想有密切关系。

在这一时期，自然人文主义占据着哲学思想的主导地位。自然人文主义是在

[①] 本节内容引用改编自《环境管理学》（叶文虎）。

农业文明条件下人与自然相互作用的产物，是东方古代文明中的核心内容。其中，以中国的"天人合一"的整体观来看待人和自然的有机统一是其最突出的特征。

中国的道家思想认为，人产生于自然，是自然整体的一部分。而由"道"创造出来的天地自然，则是人和万物之母。所以自然与人的关系应当是亲如母子的关系，人的生命应当与自然相融。老子《道德经》认为："天下有始，以为天下母。即得其母，以知其子；既知其子，复守其母，没身不殆。"这种思想既体现了中国古代农业社会对自然生态环境的强烈依赖，也体现了在农业社会中的中国古人对自然环境的高度尊重和关切。作为自然生命网络上的一个环节，人类必须服从自然的生长、发育、成熟、收藏的规律，而只有遵循季节、气候的变化规律，与自然保持和谐一体的关系，才能获得自己生存的最深厚的根源。

由此，道家特别强调人类应当顺从天地的"自然之道"，主张"自然无为"。也就是说，对于万事万物，都要遵从其自然生长和发展，反对人类强加于自然的狂妄行为。庄子非常痛恨春秋战国时期的统治者违背自然之道，利用其获得的知识和技术为所欲为，造成社会大动乱和自然大破坏的混乱局面，他说："上诚好知而无道，则天下大乱矣！何以知其然邪？夫弓、弩、毕、弋、机变之知多，则鸟乱于上矣；钩饵、罔罟、罾笱之知多，则鱼乱于水矣；削格、罗落、罝罘之知多，则兽乱于泽矣……故上悖日月之明，下烁山川之精，中堕四时之施；惴耎之虫，肖翘之物，莫不失其性。甚矣，夫好知之乱天下也！"庄子的这一论述，表明了他坚决反对把知识和技术用于违背自然之道。也就是说，他反对把科学技术用于对人和自然的破坏，反对科学技术的非人性化和非自然化。

但是，道家思想在一定程度上走了极端，发展到反对科学技术的地步，主张"绝圣弃智"，甚至追求完全返回到人与自然混沌不分的蒙昧时代，这却是片面的和消极的。而儒家在这一方面正好弥补了道家的不足。儒家思想主张发挥人的积极性和能动性，主张"入世"。儒家的"裁成天地之道，辅相天地之宜"等主张就包含了一种原始的尊重自然规律、合理利用自然的思想。儒家思想中存在着丰富的生态学知识，如"方以类聚，物以群分"、"得养则长，失养则消"、"虽有镃基，不如待时"等，分别阐述了儒家对生物结构（种群）、营养物质流动和季节节律的理解和认识。基于这种基本认识，儒家又衍生出一系列自然保护的思想，如"草木零落，然后入山林"、"钓而不纲，弋不射宿"、"得地则生，失地则死"等。儒家追求的目标是"与天地同参"，如"圣王之制也；草木荣华滋硕之时，则斧斤不入山林，不夭其生，不绝其长也；鼋鼍鱼鳖鳅鳝孕别之时，罔罟毒药不

入泽，不夭其生，不绝其长也"。

值得一提的还包括佛家的思想。佛家对中国文化思想的影响是十分深远的。佛家思想主张简朴，克制人的消费欲，主张非暴力，将不杀生作为戒律之首，将安恬和谐作为禅悟的最高境界。如佛典中的《长老歌》中有："岩岩从藿，清溪围绕，猿鹿来游，峨峨丛岩，草菌所蔽，青翠欲滴，我心则喜。"这种思想非常有利于生态环境的保护，因此一般寺庙所在的地方环境都比较好，不少地方的林木因此而得以保护完好。

对大自然的崇拜和依赖，并不仅仅存在于中国古代文明的思想中，事实上，对处于农业文明时代的人类来讲，这种认识和思想是普遍存在的，在各种不同的宗教中都体现了这一点。如锡克教的教义有"空气是生存力量，水是一切之源，而大地则是万物之母：日夜是乳母，在怀中抚摩着造物主的所有产儿"；伊斯兰教有"不要砍伐树木，不要弄脏河水，不要伤害动物"等教义。

思考与启示

前述各个古代文明的兴衰演变表明，在漫长的农业社会，生态破坏已经达到了令人震惊的程度，并产生了极其严重的社会后果。问题的关键并不在于农业的发展，而在于必须按照自然生态规律来发展农业。如果违背了自然生态规律，不仅是农业，其他产业的发展也都会对生态与环境造成巨大的破坏，最终导致整个经济社会发展难以为继，以至衰败消亡。

但总体上看，在农业文明时期，人类的生活与生产方式受到自然环境的直接制约，这一时期所产生的宗教等思想形式，充分反映了当时人类对于自然环境的依赖性。诚然，在这一时期，由于人类已经初步具备了改造自然的能力，也发生过由于人类活动而使得自然环境恶化的大量实例，但与后来的工业文明时期相比，这个时期人类与自然环境的关系还算是比较和谐的。

第五章　工业文明时期人类环境与发展的关系

人类社会真正出现大规模的环境问题是在工业革命之后。本章首先对工业文明时期所产生的环境问题的思想根源进行剖析，之后以大量案例和故事的形式对这一时期的环境污染问题、环境公害事件等分别作了介绍。

第一节　工业文明时期环境问题的思想根源

工业文明起源于西方。本节通过对西方文明的思想源泉进行剖析，指出环境问题的根本原因在于不正确的自然观和人与自然关系观。这与农业文明时期的思想根源 —— 东方自然人文主义哲学思想的剖析形成了对比。由此启迪读者对环境与发展之间关系的思想基础进行深入思考。[①]

工业文明起源于西方文明源头的古希腊文化。按照当代哲学家冯友兰先生的说法，希腊人生活在一个濒临海洋的国家，靠商业维持繁荣，所以他们在本质上是商人。商人首先要与用于商业账目的抽象数字打交道，然后才是具体的事物。因此希腊文化以数字作为其出发点，发展了数学和数理推理，形成了万物源于数的观念。文艺复兴时期，这种观念推动了人们对自然界奥秘的探求，促成了从哥白尼到开普勒的数理天文学的发展。而伽利略则第一个明确提出了机械自然观的基本框架，即：（1）把自然界完全还原为一个量的、数学的世界，千百种感性的、质的东西被抛弃在一边，自然界中只存在物质微粒的运动，别无其他；（2）把人从自然界中分离出来，使人成为自然界的旁观者，而不是参加者。

由此可见，这已经产生了把自然界完全客观化的思想萌芽，从而逐步形成了使人与自然界对立，并以数量化研究的方法来认识自然，进而支配自然的思想。

[①] 本节内容引用改编自《环境管理学》（叶文虎）。

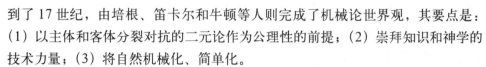

到了 17 世纪，由培根、笛卡尔和牛顿等人则完成了机械论世界观，其要点是：（1）以主体和客体分裂对抗的二元论作为公理性的前提；（2）崇拜知识和神学的技术力量；（3）将自然机械化、简单化。

很快，这种机械论世界观很快就对医学、地理学、生物学甚至经济学、法学等学科产生了影响，最终深刻地影响了哲学。于是，无论是社会经济体制还是国家政治体制，无一不被打上了机械论的烙印，甚至包括人们的思想、道德观念和生活习惯。人们对一些既成的观念认为是天经地义的事情。这其中最为严重的后果之一就是刺激了人们的消费欲。

虽然人的消费方式是一种生活习惯，但从深层次看，它是人的价值观的表现。文艺复兴以前，封建神学压抑了人的自由自觉的活动，而人的自由自觉的活动，却正是人的本质特征。文艺复兴则强调尊重人的个人价值，把人的精神寄托从对天国的向往拉回到对现世的追求，使社会为人的发展提供了较多的机会，这是一次伟大的、进步的变革。然而，这种进步又是以某种退步为代价的，因为它在鼓励人性解放的同时也煽起了野火一般的物欲。进入工业社会以后，不少人的消费在很大程度上已不是为了满足自己生存发展的需要，而是为了体现自己的存在和价值。正如西方经济学家凡勃伦（Voblen）所说："一个人要使他在日常生活中遇到的那些漠不关心的观察者对他的金钱力量留下印象，唯一可行的办法是不断显示他的支付能力。"这样的价值观激起了恶性的消费和恶性的开发，它们巨浪般地吞噬着自然资源，毁坏着自然环境，反过来，又危害着人类自身。显然，这种自由，使人又陷入了新的桎梏，形成了不符合人的本质的社会状态。这就是所谓的人的本质的异化，而且这种异化在进入工业社会后已达到了登峰造极的地步。

由此可知，人类企图将自己分离（异化）于大自然，以自己为主体，按照自己的尺度和意志对自然界中的一切事物进行强权统治和随意操纵，最终使自然界走向了退化和毁灭。但反过来，人类则因为破坏和毁灭自然，导致了资源短缺、能源枯竭、环境污染、生态破坏等威胁自身生存的危机，这才是环境问题出现并未能从根本上得到解决的（主观思想）根源。另一方面，从自然界的客观供应方面来看，在工业革命前，在人类改造自然的能力还十分有限的历史条件下，人类产生了自然是"取之不尽、用之不竭"的认识；但当工业革命后，人类拥有了足以大规模改造自然的能力，却仍然保留着这种认识，依旧认为"天空如此巨大和清澈，不可能有什么能使它改变颜色；河流如此宽广和浩荡，人类活动不可能改变其质量；树木和自然森林如此之多，我们永远不会使它们消失。毕竟它们还要生长……"于是，在人类需求无限制的增长和有限的自然环境的供应之间出现了严重矛盾，并且随着这种矛盾的激化，环境问题就日益严重起来。

所以说，人类思想或人类哲学深处的不正确的自然观和人—地关系观是造成工业文明时期环境问题的最根本的根源，并由此产生的一系列支配人类社会行为的基本观念。正是在这些基本观念的支配下，人类的发展观、伦理道德观、价值观、科学观和消费观等都存在着根本性的缺陷和弊端。这些观念指导着人们的行为，导致了整个社会运行机制的失当，从而使得人们在决策行为、生产行为、开发建设行为、消费行为和日常生活行为上都背离了与自然和谐共处这一根本原则。

第二节　城市化与工业化带来的环境污染问题：伦敦档案馆的书信

本节对城市化与工业化所引发的各种环境污染问题，包括供水、垃圾、水污染、动物粪便污染、空气污染等各个方面进行了介绍。有些由城市化带来的环境污染问题虽不仅仅是属于工业文明时期，但由于城市化与工业化的密切关系，也将这些内容放在此节。本节采用虚构城市化和工业化早期两个人之间的通信的方式来生动地描述当时环境状况，但这些通信都是基于当时的历史记载，包括恩格斯、约翰·伊凡林等人对当时城市环境的描述。

我是尼克，伦敦档案馆的一名研究员，每天和数不清的文件、资料打交道。从那些干瘪无趣的文字中，试图还原尘封的历史。最近，馆长格林女士交给我的任务是整理工业化早期城市居民关于环境方面的通信。

"听着尼克，"格林女士边说边把像砖头一样的卷宗扔到桌上，"这些是今天才送来的材料。""一卷，两卷。""是最近才发现的。""三卷，四卷。""倒是不多，但也不是很无趣。""五卷，五卷半。""认真听着！别数了，尼克！"格林女士声音突然提高了八度，似乎能震碎窗户玻璃，"两天，你只有两天。把它们都整理出来，写成报告，发给我。"

说完，格林女士就又风风火火地出去了，留下了整整五卷半资料和陷于无奈的我。只有两天时间，而且，想到格林女士那似乎要将完不成任务的人碎尸万段的脸，我只好悲壮地翻开了第一页。

亲爱的西弗勒斯：

　　展信祝好。上次与你在巴黎分别后，一晃便是半年。我对上次我们一起讨论的环境问题非常感兴趣。回到伦敦后，托我一位表兄的福，我到市政厅查阅了许多档案和资料，又走访了英格兰、威尔士和苏格兰的许多地方，发现了一些有趣的东西。

　　我时常想念我们一起在罗马游历的日子，那些雄伟的雕塑和神奇的喷泉、渡槽，既壮观又能提供干净的水。但在英国似乎没有这样的装置，真是可惜。回来后，我仔细观察了泰晤士河。河面上泛着泡沫，漂着垃圾和死鱼，它就像一条血管穿过伦敦的心脏，只不过输送的是毒液而非热血——而且，令人吃惊的是，我还发现似乎泰晤士河从来没怎么干净过！至少在我从市政厅借来的资料里面，在13世纪初就有关于泰晤士河污染的报告。现在大家都在为如何获取干净的水而发愁。

　　一些工厂和作坊把废弃的水倾泻在河里，而居民则直接把粪便倒入河中。河面上漂浮的东西，让每一位受过教育的人都目不忍视，我也难以在信中描写。甚至还时不时漂过来一些老鼠和猫等动物的尸体。噢，上帝啊！

　　伦敦城里开始住着越来越多考究的人。大家都希望身体健康，可惜公共水源并不干净。所以最近在一些讲究的上流人士中间开始流行着炫耀自家的清洁和卫生的水。我听说，一个居住在北边，从约克郡迁居过来的纺织厂主的夫人竟然给宠物狗喂蒸馏水。而我也是从我那位表兄那里听说，首相官邸现在竟然还没有浴室。现在人人都盼着皇家学会里那些聪明的脑袋能发明高档的仪器使干净的水廉价又充裕。

　　前一阵子我在伯明翰听说有人想出了一个叫"水库"的东西。大概就是在河流上建起堤坝，既可以蓄水，还可以防洪。然后通过水管向城市供水。噢，这真是个奇妙的世界！连如此新奇和大胆的设想都能有人提出来。不过现在也还没有付诸实施。因为很难预测这需要多少钱，没有可敬的绅士愿意私人资助这项异想天开的计划，而且连设计者自己也不敢预测这个大坝塌下来会有什么后果。

　　致以
最良好的祝愿

真诚的本杰明

　　我一边喝着咖啡一边读着这份资料。不错，这是一封工业革命时期的书信。我顺着它的编号，又找到了下一封书信。

亲爱的本杰明：

　　你好！收到你的信真是太开心了。自从上次你来巴黎后，竟然有半年没有收到你的消息，真是让我想念又担心！东方有一句话，叫"一日不见，如隔三秋"。大概用在这里非常合适呀！

读了你的来信，很高兴你能对环境问题感兴趣。最近，在整个欧洲大陆，有越来越多严谨的学者开始关心环境了呢！譬如我在巴黎大学的同事，可敬的皮埃尔教授，前些日子我们才一起讨论了"空气污染"的问题。下次你来巴黎，我们还可以和皮埃尔先生一起讨论。

你提到伦敦的水。是的，类似的情况在巴黎也是，在德国也是，在整个已经开发的欧洲都是！塞纳河的河水早就不能饮用，现在甚至连清洗都嫌脏了。

听你信里的介绍，我觉得水坝肯定是个天才的想法。假以时日，一定会成功。不过我最近听说了一样新东西——自来水。想必在你心中那些"伦敦的考究人"家里也有了。巴黎的贵族们可是争先恐后地在追捧这个东西呢！这是由一家实力雄厚的公司经营的，他们从自己的水工厂到你家铺设专门的管道，里面全天流淌着干净的自来水！对！你只要打开一个龙头，水就自己跑出来了。只可惜花费也不菲。大多数人，包括我，一个穷教书匠，还是如你上次所见，还是每天用水桶到盛水站那里提水。

而现在我们担心的还远不止这些。正如你所见，人们将废水、粪便倾倒入泰晤士河。而前几日我与我一位研究化学的博学的同事讨论，他说，在看得见的污染之外，还有更多更恐怖的看不见的污染，譬如许多化学制剂。这些东西，伴随着我们引以为傲的工业进步而产生，却没有能把它们彻底消除的办法。我的同事亲口告诉我，他实验室的一只老鼠在饮用了这些水后一命呜呼，而另外一只老鼠竟然产下了没有后腿的幼崽！天啊！我担心，随着工业一天天发展，这样的情况还会更加严重。

愿祝福穿越英吉利海峡！

真诚的西弗勒斯

又及：我听说伦敦的烟雾遮天蔽日，你要小心"空气污染"啊。

读完两封信，我已经彻底被吸引住了。在西弗勒斯给他朋友的回信中，竟极富预见性地预料到了我们今天会被各种化学污染困扰。为了给馆长写报告，我只好又从这些书信前挪开，到电脑上去查资料。"……加利福利亚20%的水井污染指数超过了国家安全界限；在佛罗里达，由于污染，人们关闭了1000口水井；在匈牙利，773个城镇和村庄的水不适于饮用；在英国，10%含水土层污染超过世界卫生组织的安全标准；在英国和美国的部分地区，由于硝酸盐含量较高，自来水不能用于喂养新生儿……发达国家尚且如此，那些财单力薄的第三世界国家就更为严峻……"看到现在的情况是如此严峻，我不禁担心起西弗勒斯和本杰明先生的安危了。于是我便又扑到书桌前，找到下一封书信读起来。

亲爱的西弗勒斯：

　　收到你的回信我很高兴。看完信后，我更坚定了我的信念，要去调查环境污染和人类健康之间的关系。这段时间，我去了曼彻斯特，专门调查了当地的河流情况。噢，你要知道，下面的内容，我真的不想把它写出来，也不想你看到，更不想承认它是事实！可是没有办法，它就是发生了。不管你信不信，我反正是信了。

　　我走到一座桥上，桥的下面，流动着或者干脆说是停滞着的伊尔克河，它恰好容纳着附近下水道和厕所的东西。在迪西桥底左边，可以看到一堆堆的垃圾废物，以及河流陡峭的左岸边缘积聚的腐烂物。这是一条狭窄的、煤一样黑的恶臭河流，右岸的低地上充满着淤积的垃圾污物。天晴时，右岸便是长长的一连串最恶臭的深绿色软泥池，从这些池子的最深处，不停地冒出瘴气泡，所造成的恶臭即使在离水面四五十英尺高的桥上都无法忍受。

　　西弗勒斯，你不知道当时我看到这些恶心的一幕时是多么的伤心和悲哀，美丽的城市竟被污染成这个丑陋的模样。

　　我听说城里的一些"聪明的脑袋"正在研究污水处理技术，据说，这种神奇的技术能将污水重新变成干净水。我真诚地希望他们能早日成功。另外，在收到你的来信后，我了解到了"空气污染"这个新词，我的直觉告诉我这个问题应该非常重要，希望你能在信中多谈谈。我会在英格兰协助你进行一些调查。

真诚的本杰明

　　我边喝着咖啡便看着这些，唔，恶心的东西，忽然感到一阵不适。不过，作为一个专业人士，职业精神还是驱使我一直看下去。这次，我顺着编号，把他们的所有信件都一次性找了出来。

亲爱的本杰明：

　　很高兴收到你的来信，更高兴你能对空气污染和环境保护感兴趣。诚然，这是一个很新颖的研究领域，许多热情的学者和有前途的年轻人一起来开拓和发展新的东西。如果你有兴趣，我一定会全力帮助你。

伦敦的"雾都"名号是举世闻名的。上次我去伦敦时，我们都看到了天际线上空那厚厚的烟雾。后来，经过我的一些调查，我发现这些烟雾大部分是由于燃煤造成的。许多历史上的记载也证明了我的观点。

贵国首都历来是木材缺乏的地方，所以燃煤使用也比巴黎和柏林更多。而据我观察，现在烟雾的大规模泛滥还是在工业进步时期。说实话，不列颠的工业技艺我十分仰慕。但工业的发展离不开煤，因此，燃煤的巨量增加，也导致大规模的烟雾污染。

我的一些同事们也都对这方面很感兴趣。奈何我们身处巴黎，若能到伦敦实地调查就好了。如果你愿意同我们一起做一些调查的话，我当然非常欢迎。

期待着再到伦敦与你见面！

真诚的西弗勒斯

亲爱的西弗勒斯：

你的来信真是如及时雨一般。我当然是对你所说的事业很有兴趣的。在你来信后，我仔细观察了伦敦的烟雾，真的看到了许多不一样的地方。

我再次托我的表兄查看到了市政厅的资料，果然如你所料。1257年，由于城市的无数煤炉造成的煤烟如此严重，连艾利诺王后都被迫搬到诺丁汉城堡。1307年，伦敦禁止燃煤，但人们却无视法令。到了工业进步时期，小小的法令再也挡不住煤的燃烧了。我跋涉了很远，到远郊的山上，但都还能很容易地看到煤烟。

西弗勒斯，你不在伦敦，真是太幸运了。天空上浓烈的烟雾像是魔鬼的手掌，阻止我们仰望上帝的光辉。这段时间我把伦敦转了个遍。我发现，或许是盛行西风的原因，伦敦西部的烟雾常被刮跑。这里现在变成了考究人士最喜欢的地方。西弗勒斯，或许由于最近一直劳累，又奔波在浓雾中间，我现在老是咳嗽。我发现这是个不好的征兆，可是身边的许多人都这样，我真的很担心。

现在的伦敦更像埃特纳火山的面孔，火与冶炼之神的法庭，而不是理性造物的聚集地和我们无可比拟的帝国君主的所在地。因为天底下竟然有像伦敦教堂和众议院这样听到咳嗽和喘气的地方，那里咳嗽、吐痰声不绝于耳，实在令人讨厌。正是这骇人的烟雾使我们的教堂模糊，使我们的宫殿看上去陈旧，是烟雾弄脏了我们的衣服，污染着水，以致不同季节降落的雨水都受到污染。这种肮脏的烟雾污损着所接触到的每一种东西。

我现在准备到英格兰其他的城市去考察一番，估计情况也不会太乐观。

愿你身体健康！

真诚的本杰明

亲爱的本杰明：

　　看到你的来信太高兴了。我很高兴你能理解并支持我们所做的事情，并积极参与。对于你亲自参与考察，我深表感谢和欣慰。

　　不知你现在身体可好？看来我们的推断没错，工业的浓雾确实有害人体和动、植物的健康。但这还要等我们到伦敦后，用化学和生物学手段做进一步的分析才能下定论。我殷切地希望当局能采取措施，维护你们的健康和安全。

　　我们之前的通信谈到了水和空气。但在我们这个圈子里，我们愈发察觉到污染的广泛性。不仅是我们喝的、用的、呼吸的，更有我们每天接触到的所有东西，都既有可能被污染，也有可能造成污染。或许你已经注意到了，几乎所有的污染都环环相扣。工厂燃烧煤，污染空气，排出废水，污染河流，人们饱受水污染之苦，然而又往河流倾倒垃圾、粪便，还把工业废水排放到河里……哦，本杰明，每次想到这里，我就不禁为人类的前途深深地担忧！

　　最近，我们的研究和讨论还关注了一个更大的问题——垃圾。我们发现，垃圾自古以来就困扰着人类。垃圾的处理不仅关系到城市的整洁，更关系到人类的健康、饮水的卫生。我在大学的图书馆查阅到一位皇后曾描述巴黎："可怕的地方，气味难闻……一个人无法在那儿逗留，因为到处是腐烂的肉和鱼，因为有许多人在大街上撒尿。" 这是多么令人感到耻辱和沮丧呀！我甚至发现，在工业进步之前，住宅里竟然没有厕所！噢，我的上帝，就连凡尔赛宫也是！当时，在巴黎竟然形成了固定的露天厕所！这真让人感到脸上发烧。

　　而我们发现，垃圾问题远比之前我们讨论过的水污染和空气污染普遍、广泛得多。我在大学的图书馆查到许多资料，看到不仅是在巴黎，在西班牙、中东、中国，以及其他地方都有垃圾问题。

　　如果你对这些问题感兴趣，不妨也在你走访各地的途中留心一下垃圾的问题。另外，我们都很担心你的身体。如有需要，请尽管来信。我们也欢迎你来巴黎疗养。

　　祝身体健康，早日康复！

真诚的西弗勒斯

亲爱的西弗勒斯：

　　很高兴收到来自你的祝福，可惜我的身体真是每况愈下。不幸的是，我还听到了更多骇人听闻的消息。毒烟雾一直在残害人们的健康。在伦敦，有大量未经统计的人因毒烟雾而去世。在曼彻斯特、谢菲尔德，情况也不怎么理想。而且，我身边有许多人都患病了，和我一样，老是咳嗽。今天早上，我竟发现咳出了血。我觉得问题开始严重了。

收到你的来信后，我也顺便调查了一番伦敦和周边的垃圾问题。总的来说，伦敦的情况比较糟糕：人口增加，住房拥挤，牲畜杂乱……就算是每天街道上的马排出的粪便都有数吨之多。我查阅到城市下水道委员会的一位名叫约翰·飞利浦的工程师的报告，看了后令人感到很恐怖。我摘录一节来给你：

"城市中有……成千上万的家庭没有排水装置，其中很多家庭污水都溢出了污水池。有数百条街道、院落和小巷没有污水管道……我访问了许许多多地方，那里的污物撒满了房间、地窖和院落，有那么厚那么深，以致很难挪动一下脚步。"

相信你们所见到的情况也不会好。正如你所说，垃圾问题太普遍了。收到你的来信后，前几日我去了曼彻斯特，我看到在许多工人、平民居住的地方，邻近伊尔克河城镇的一个地方，有200人共用着一个简陋的厕所。有一个院落正好对着这个厕所，居民们要进出院落，就得忍受这肮脏之极的厕所。我看到这种场景，竟忍不住呕吐起来。上帝啊，任何一个受过教育的绅士或小姐都不忍心看到如此这般场景！

西弗勒斯，我现在身体状况很糟。我希望我能尽快好起来，好与你到巴黎相见。我会离开伦敦一段时间，到乡下疗养和接受治疗。希望乡下的环境能好些。

真诚的本杰明

信件到这里便戛然而止了。我赶忙寻找下一封。可是终其卷宗，却再也找不到本杰明先生和西弗勒斯教授的信。我有点颓然地坐在椅子上，看着眼前的资料。不知道本杰明最后的身体怎样了，不知道他是否能康复，能否再去巴黎。

工业化的进程给人类社会带来了福祉，却也带来污染的噩梦。我现在居住在干净的城市中，享受着洁净的水资源、高效的健康服务……可是这许多东西都是由前人血和泪的教训换来的。想到这里，我打开电脑，开始写给馆长女士的报告……

第三节　工业文明时期的严重环境污染事件

进入工业文明时期以来，科学技术水平突飞猛进，人口数量急剧膨胀，经济实力空前提高，各种机器、设备竞相发展。在追求经济增长的驱使下，人类对自然环境展开了大规模的前所未有的开发利用。在这一时期，人类在创造了极大、丰富的物质财富的同时，也引发出了深重的环境灾难。不仅出现了上一

节中所讲到的各种环境污染问题，还出现了所谓的环境公害事件。出现于 20 世纪 50～60 年代的"八大环境公害事件"，就是这种灾难的集中体现。本节对其中 7 个环境公害事件及其他的严重污染事件进行介绍，本章第四节单独介绍"八大公害事件"中的另一起——"水俣病"。

一、八大环境公害事件

1. 马斯河谷烟雾事件

马斯河谷是位于比利时境内马斯河旁一条长 24 千米的河谷。这一地区中部低洼，两侧有百米的高山对峙，使河谷地带处于狭长的盆地之中。马斯河谷地区是一个重要的工业区，这里建有 3 个炼油厂、3 个金属冶炼厂、4 个玻璃厂和 3 个炼锌厂，还有电力厂、硫酸厂、化肥厂和石灰窑炉，工业区全部处于狭窄的盆地中。

1930 年 12 月 1～15 日，整个比利时大雾笼罩，气候反常。由于处于特殊的地理位置，马斯河谷上空出现了很强的逆温层。一般情况下，气流上升越高，气温就越低。但当气候反常时，低层空气温度会比高层空气温度还低，发生"气温逆转"现象，这种逆转的大气层叫做"逆转层"。逆转层会抑制烟雾的升腾，使大气中烟尘积存不散，在逆转层下积蓄起来，无法对流交换，从而造成大气污染现象。在这种逆温层和大雾的作用下，马斯河谷工业区内 13 个工厂排放的大量烟雾弥漫在河谷上空无法消散，它们在大气层中越积越厚，其积存量极限足以危害人体健康。

在二氧化硫和其他多种有害气体及粉尘污染的综合作用下，河谷工业区有上千人发生呼吸道疾病，他们的症状表现为胸痛、咳嗽、流泪、咽痛、声嘶、恶心、呕吐、呼吸困难等。一个星期内就有 60 多人死亡，是同期正常死亡人数的 10 多倍。其中心脏病、肺病患者死亡率最高。许多家畜也未能幸免于难。

马斯河谷烟雾事件曾轰动一时，虽然日后类似这样的烟雾污染事件在世界很多地方都发生过，但马斯河谷烟雾事件却是 20 世纪最早记录下的大气污染惨案。

2. 洛杉矶光化学烟雾事件

洛杉矶位于美国西南海岸，西面临海，三面环山，是个阳光明媚、气候温暖、风景宜人的城市。早期金矿、石油和运河的开发，加之得天独厚的地理位置，使它很快成为了一个商业、旅游业都很发达的港口城市，著名的电影业中心好莱坞和美国第一个"迪斯尼乐园"都建在了这里。城市的繁荣又使洛杉矶的人口剧增。

白天，纵横交错的城市高速公路上拥挤着数百万辆汽车，整个城市仿佛是一个庞大的蚁穴。

然而好景不长，从 20 世纪 40 年代初开始，人们就发现这座城市一改以往的温柔，变得"疯狂"起来。每年从夏季至早秋，只要是晴朗的日子，城市的上空便会出现一种弥漫在天空的浅蓝色烟雾，使整座城市上空变得浑浊不清。这种烟雾使人眼睛发红、咽喉疼痛、呼吸憋闷、头昏、头痛。

1943 年以后，烟雾肆虐加剧，以致远离城市 100 千米以外的海拔 2000 米高山上的大片松林也因此枯死，柑橘减产。仅 1950 ~ 1951 年，因大气污染造成的损失就高达 15 亿美元。

1955 年，当地因呼吸系统衰竭死亡的 65 岁以上的老人达 400 多人；1970 年，约有 75% 以上的市民患上了红眼病。这就是最早出现的新型大气污染事件——光化学烟雾污染事件。

光化学烟雾是由汽车尾气和工业废气排放造成的，一般发生在湿度低、气温在 24 ~ 32℃ 的夏季晴天的中午或午后。汽车尾气中的烯烃类碳氢化合物和二氧化氮被排放到大气中后，在强烈的太阳光紫外线照射下，会吸收太阳光的能量。这些物质的分子在吸收了太阳光所具有的能量后，会变得不稳定，原有的化学链遭到破坏，形成新的物质。这种化学反应被称为光化学反应，其产物为有剧毒的光化学烟雾。

洛杉矶当时就拥有 250 万辆汽车，每天大约消耗 1100 吨汽油，排出 1000 多吨碳氢化合物、300 多吨氮氧化合物、700 多吨一氧化碳。此外，还有炼油厂等的石油燃烧排放。这些化合物被排放到阳光明媚的洛杉矶上空，不亚于制造了一个毒烟雾工厂。

光化学烟雾可以说是工业发达、汽车拥挤的大城市的一个隐患。20 世纪 50 年代以来，世界上很多城市都不断地发生过光化学烟雾事件。由于导致光化学烟雾的主因之一是汽车尾气。因此，目前人们主要在改善城市交通结构、改进汽车燃料、安装汽车排气系统催化装置等方面做着积极的努力，以防患于未然。

3. 多诺拉烟雾事件

多诺拉是美国东部宾夕法尼亚州的一个小镇，位于距匹兹堡市以南 30 千米，约有 1.4 万居民。

多诺拉镇集中了硫酸厂、钢铁厂、炼锌厂，多年来，这些工厂的烟囱不断地向空中喷烟吐雾，以至于多诺拉镇的居民们对空气中的怪味都习以为常了。

1948 年 10 月 26 ~ 31 日，持续的雾天使多诺拉镇看上去格外昏暗。气候潮湿寒冷，天空阴云密布，一丝风都没有，空气失去了上下的垂直移动，出现逆温现象。与此同时，工厂的烟囱却像要冲破凝住了的大气层一样，不停地喷吐着烟雾。

两天过去了，天气没有变化，只是大气中的烟雾越来越厚重，工厂排出的大量烟雾被封闭在山谷中。能见度极低，除了烟囱之外，工厂都消失在烟雾中。空气中散发着刺鼻的二氧化硫气味，令人作呕。

随之而来的是小镇中有约6000人突然发病，症状为眼痛、咽喉痛、流鼻涕、咳嗽、头痛、四肢乏倦、胸闷、呕吐、腹泻等，其中有20人很快死亡。死者年龄多在65岁以上，大都原来就患有心脏病或呼吸系统疾病，情况和当年的马斯河谷烟雾事件相似。

这次的烟雾事件发生的主要原因，是小镇上的工厂排放出的含有二氧化硫等有毒有害物质的气体及金属微粒，在气候反常的情况下聚集在山谷中不消散，这些毒害物质附着在悬浮颗粒物上，造成了严重的大气污染。人们在短时间内大量吸入这些有毒有害的气体，引起各种不适症状，以至于暴病成灾。

多诺拉烟雾事件、马斯河谷烟雾事件及多次发生的伦敦烟雾事件等，都是由于工业排放烟雾造成的大气污染公害事件。

大气中的污染物主要来自煤、石油等化石燃料的燃烧，以及汽车等交通工具在行驶中排放的污染物。全世界每年排入大气的有害气体总量为5.6亿吨，其中一氧化碳2.7亿吨、二氧化碳1.46亿吨、碳氢化合物0.88亿吨、二氧化氮0.53亿吨。大气污染能引起各种呼吸系统疾病，由于城市燃煤造成的烟尘排放，城市居民肺部煤粉尘沉积程度比农村居民严重得多。

4. 伦敦烟雾事件

1952年12月5～8日，地处泰晤士河河谷地带的伦敦市上空处于高压中心，一连几天，风速表读数都为零。大雾笼罩着伦敦城，又正值城市冬季大量燃煤，排放的煤烟粉尘在无风状态下蓄积不散，烟和湿气积聚在大气层中，致使城市上空连续4～5天烟雾弥漫，能见度极低。由于这种气候条件，飞机被迫取消航班，汽车即便在白天行驶也必须打开车灯，行人走路都极为困难，只能沿着人行道摸索前行。

由于大气中的污染物不断积蓄，无法扩散，许多人都感到呼吸困难，眼睛刺痛，流泪不止。伦敦市的医院由于呼吸道疾病患者剧增而一时爆满，伦敦城内到处都可以听到咳嗽声。仅仅4天时间，死亡人数就达4000多人。就连当时举办的一场盛大的得奖牛展览中的350头牛也惨遭劫难：1头牛当场死亡，52头严重中毒，其中 14 头奄奄一息。过了 2 个月，又有 8000 多人陆续丧生。这就是骇人听闻的"伦敦烟雾事件"。

酿成伦敦烟雾事件的"元凶"有两个：冬季取暖燃煤和工业排放的烟雾，逆温层现象是帮凶。当时伦敦工业燃料及居民冬季取暖都使用煤炭，煤炭在燃烧时，会生成水、二氧化碳、一氧化碳、二氧化硫、二氧化氮和碳氢化合物等物质。这些物质排放到大气中后，会附着在飘尘上，凝聚在雾气上，进入人的呼吸系统后就会诱发支气管炎、肺炎、心脏病。当时持续几天的"逆温"现象，加上不断排放的烟雾，使伦敦上空大气中烟尘浓度比平时高 10 倍，二氧化硫的浓度是以往的 6 倍，整个伦敦城犹如一个令人窒息的毒气室一样。

可悲的是，烟雾事件在伦敦出现并不是独此一次，相隔 10 年后又发生了另一次类似的烟雾事件，造成 1200 人的非正常死亡。直到 20 世纪 70 年代后，伦敦市内改用煤气和电力，并把火电站迁出城外，使城市大气污染程度降低了80%，骇人的烟雾事件才未再度发生。

5. 四日市哮喘病事件

四日市位于日本东部伊势湾海岸，因历史上曾每隔 4 日就有一次集市而得名。

该市原本是一个人口不过 25 万的小城市，市内建有纺织厂和窑厂。由于该市临海，交通方便，很快成为发展石油工业的窗口。1955 年，四日市的第一座炼油厂建成后，其他一些相关企业纷纷上马，石油联合企业逐渐形成规模。1957年，昭石石油公司所属的四日市炼油厂投资 186 亿日元扩大生产；1959 年，该石油公司的中心企业开始投产。四日市很快发展成为一个"石油联合企业城"。

然而，正当别的地方的人们对这个即将带来滚滚财源的大型企业艳羡不已时，可怕的污染却已悄然潜入了当地人的生活。从 1959 年开始，昔日洁净的城市上空变得污浊起来。每到春天，在临近石油联合企业的盐滨地区，居民住宅周围弥漫着恶臭，甚至连炎热的夏天也不能开窗通风换气。

由于工业废水排入伊势湾，水产品发臭不能食用。而石油冶炼产生的废气使天空终年烟雾弥漫。四日市平均每月每平方千米降尘量为 14 吨（最多达 30 吨），大气中二氧化硫浓度超过标准 5～6 倍，很多人出现头痛、咽喉痛、眼睛痛、呕吐等症状，患哮喘病的人剧增。

1964 年，四日市接连有 3 日烟雾不散，致使一些哮喘病患者痛苦告别人世。1967 年，又有一些哮喘病患者因不堪忍受疾病的折磨而自杀。1970 年，哮喘病患者人数达 500 多人。1972 年，达 817 人，死亡 10 余人。到 1979 年 10 月底，确认患有大气污染性疾病的患者人数为 775491 人。

煤炭、石油等化石燃料在燃烧时会排放出大量的二氧化硫，当二氧化硫在大气中的浓度达到10%以上时就会强烈地刺激和腐蚀人的呼吸器官，引起气管和支气管的反射性挛缩，并使管腔缩小，黏膜分泌物增多，呼吸阻力增加，换气量减少。严重时会造成喉痉挛，甚至使人窒息死亡。特别是当大气中的二氧化硫吸附在漂浮的金属粉尘中时，还能随粉尘侵入人体的肺泡。

四日市的居民长年累月地吸入这种被二氧化硫及各种金属粉尘污染的空气，呼吸器官受到了损害，很多人患有呼吸系统疾病，如支气管炎、哮喘、肺气肿、肺癌等。由于大多数四日市呼吸系统病症患者一旦离开大气污染环境，病症就会得到缓解，所以人们把这种病统称为"四日市哮喘病"。

6. 米糠油事件

1968年3月，日本的九州、四国等地区的几十万只鸡突然死亡。经调查，发现是由于饲料中毒所致。当年6～10月，有4个家庭的人因患原因不明的皮肤病到九州大学附属医院就诊，患者初期症状为痤疮样皮疹，指甲发黑，皮肤色素沉着，眼结膜充血等。此后3个月内，又确诊了112个家庭的325名患者，之后患该病的人在日本各地不断出现。至1977年，因此病死亡人数达30余人。1978年，确诊患者累计达1684人。

这一事件引起了日本卫生部门的重视，通过尸体解剖，在死者五脏和皮下脂肪中发现了多氯联苯，这是一种化学性质极为稳定的脂溶性化合物，可以通过食物链而富集于动物体内。多氯联苯进入人、畜体内后，多积蓄在肝脏等多脂肪的组织中，损害皮肤和肝脏，引起中毒。中毒的初期症状为眼皮肿胀、手掌出汗、全身起红疹，其后症状转为肝功能下降、全身肌肉疼痛、咳嗽不止。重者发生急性肝坏死、肝昏迷等，甚至死亡。

通过对患者共同食用的米糠油进行追踪调查，发现九州一个食用油厂在生产米糠油时，因管理不善，操作失误，致使米糠油中混入了在脱臭工艺中使用的热载体多氯联苯，从而造成了食用油被污染。由于被污染的米糠油中的黑油被用做了饲料，因此，还造成了几十万只家禽的死亡。

7. 富山骨痛病事件

20世纪50年代日本三井金属矿业公司在富山平原的神通川上游开办了炼锌厂，该厂排入神通川的废水中含有金属镉，这种含镉的水又被用来灌溉农田，使稻米含镉。而人食用含镉的大米和饮用含镉的水后会中毒而全身疼痛，故称"骨痛症"。据统计，1963～1968年，共确诊患者258人，死亡128人。

富山县位于日本中部地区，在富饶的富山平原上，流淌着一条名为"神通川"

的河流。这条河贯穿富山平原，注入富山湾，它不仅是居住在河流两岸人们世世代代的饮用水源，也灌溉着两岸肥沃的土地，成为日本主要粮食基地的命脉水源。然而，谁也没有想到多年之后，这条命脉水源竟成了"夺命"水源。

20世纪初期开始，人们发现该地区的水稻普遍生长不良。1931年又出现了一种怪病，患者大多是妇女，病症表现为腰、手、脚等关节疼痛。病症持续几年后，患者全身各部位都会发生神经痛、骨痛现象，行动困难，甚至呼吸都会带来难以忍受的痛苦。到了患病后期，患者骨骼软化、萎缩，四肢弯曲，脊柱变形，骨质松脆，就连咳嗽都能引起骨折。患者甚至不能进食，疼痛无比，常常大叫："痛死了！痛死了！"有的人因无法忍受痛苦而自杀。这种病因此得名为"骨痛病"或"痛痛病"。

1946~1960年，日本医学界从事综合临床、病理、流行病学、动物实验和分析化学的人员经过长期研究后发现，"骨痛病"是由于神通川上游的神冈矿山废水污染引起的镉中毒。由于工业的发展，富山县神通川上游的神冈矿山从19世纪80年代成为日本铝矿、锌矿的生产基地。神通川流域从1913年开始炼锌，"骨痛病"正是由于炼锌厂排放的含镉废水污染了周围的耕地和水源而引起的。

镉是对人体有害的重金属。人体中的镉主要是由被污染的水、食物、空气通过消化道与呼吸道摄入体内的，大量蓄积就会造成镉中毒。神冈的矿产企业长期将未经处理的废水排入神通川，致使高浓度的含镉废水污染了水源。用这种含镉的水浇灌农田，会使稻秧生长不良，生产出来的稻米成为"镉米"。"镉水"和"镉米"把神通川两岸的人们带进了"骨痛病"的阴霾中。

1961年，日本在富山县成立了"富山县地方特殊病对策委员会"，开始了国家级的调查研究。1967年研究小组发表联合报告，表明"骨痛病"主要是由于重金属尤其是镉中毒引起的。

第二次世界大战后的最初10年可以说是日本经济的复苏时期。在这个时期，日本对追赶欧美趋之若鹜。发展重工业、化学工业，跨入世界经济大国行列成为日本全体国民的兴奋点。然而，就在日本人陶醉于日渐成为东方经济大国的同时，却没有多少人会想到肆虐的环境将带来巨大的灾难。正是由于这种急功近利的态度，20世纪中期发生的世界重大公害事件中，日本就占了半数，足见日本当时环境问题的严重性。

二、其他严重污染事件

20世纪中叶的"八大环境公害事件"的发生都经历了一个长期累积的过程。

除此之外，自 20 世纪中叶以来，由于工业化的原因，还发生了其他许多严重的环境事件，包括大量海洋石油污染事件、印度博帕尔毒气泄露事件、原苏联切尔诺贝利核泄漏事件、意大利塞维索化学污染事件、莱茵河污染事件、比利时二噁英污染事件、中国太湖蓝藻爆发事件等。而与"八大环境公害"相比，这些新型的环境污染事件，例如 20 世纪 80 年代中期连续发生的印度博帕尔毒气泄漏事件、原苏联切尔诺贝利核泄漏事件和瑞士莱茵河污染事件这三起严重的环境污染事件都具有这些特点：种类为新型，突然发生，来势汹汹，危害巨大，更难应对。这是与人类社会发展的复杂性加大、生产生活节奏加快、各类环境风险增多有密切关系。随着社会的发展，这些环境问题还有进一步增多的趋势。

1. 海洋石油污染事件

1967 年 3 月 18 日，12.3 万吨的利比亚籍油轮"托雷峡谷"号满载着 11.7 万吨的原油从波斯湾的科威特出发，向英国威尔士的米尔福德港驶去。在公海七石礁处触礁沉没，船上 9.19 万吨原油溢出，污染了 180 千米长的海区。

从这次原油泄漏事件开始，海洋石油泄漏事件每年都有发生，这其中就包括了 2010 年发生在美国墨西哥湾的溢油事件。据报道，我国沿海平均每 4 天就发生一起溢油事件；而在美国，每年有将近 2 万起溢油事件上报到国家应急响应中心。

1 升石油从倾泄到海洋中，到完全降解净化，大约需要消耗海水中 40 万升的溶解氧。石油会在海面形成一层油膜，隔绝大气与海水的气流交换，并减弱太阳光透入海水的能量。这种耗氧和隔绝会导致海水严重缺氧，并影响海洋中绿色植物的光合作用。海洋石油污染会导致鱼类、贝类、藻类死亡，海滨生物结构破坏，海鸟饲饵消失。而海洋生物多样性减少和海洋生物体内致癌物浓缩蓄积给环境和人类带来的损害则更是无法估算。

除"托雷峡谷"号触礁导致的石油污染事件外，其他严重的石油污染事件还包括以下几起——

（1）海湾战争原油泄漏

世界上最大的原油泄漏事件是 1991 年海湾战争造成的。战争导致油港油库被破坏，流入海湾的原油多达 100 多万吨。当时波斯湾的海面漂浮着一层厚厚的浮油，海水几乎掀不起浪来，只能像泥浆般涌动着，发出汨汨声。海鸟身上沾满了石油，无法飞行，只能在海滩和岩石上坐以待毙。其他海洋生物也未能逃过这场灾难，鲸、海豚、海龟、虾蟹以及各种鱼类都被毒死或窒息而死，成为这场战争的最大受害者。

（2）墨西哥湾漏油事件

美国墨西哥湾原油泄漏事件是和平时期最大的原油泄漏事件。2010 年 4 月 22 日，英国石油公司租赁的"深水地平线"海上石油钻井平台在爆炸起火两天之后沉入墨西哥湾，导致了这场美国历史上最严重的漏油事故。英国石油公司采用了多种方式试图堵住漏油，但均告失败。最终在原油连续泄漏将近 3 个月之后，英国石油公司于 2010 年 7 月 15 日宣布，新的控油装置已经成功地罩住水下漏油点，再无原油流入墨西哥湾。

该漏油事件造成了长 200 千米、宽 100 千米的海上原油漂浮带，形成了5180 平方千米的污染区，油污还被海水冲上了美国路易斯安那州的一些小岛。据估计漏油总量达 9000 万至 2 亿升，这使该事件成为和平时期全球最严重的漏油灾难。

漏油事件已经对当地经济造成影响。海鲜和进口食品价格已经上涨，汽油也可能因此涨价。如果原油污染区蔓延到航运繁忙的密西西比河口，其影响将会是灾难性的。这片污染区距离河口只有 24～32 千米。为了防止密西西比河受到污染，从墨西哥湾来的船只被要求在进港前清理油污，而因此耽误的时间成本最终将转嫁到消费者身上。

"墨西哥湾在长达 10 年的时间里将成为一片废海，造成的经济损失将以数千亿美元计。"美国一家资产管理公司的投资顾问大卫·科托克说。

美国总统奥巴马在 2010 年 6 月 16 日证实，英国石油公司同意设立 200 亿美元基金，赔偿因墨西哥湾漏油事件而生计受损的民众。此次漏油事件已成为美国历史上最严重的环境灾难。

（3）大连新港溢油事件

无独有偶，2010 年 7 月在我国大连新港也发生了一起中国历史上最严重的石油污染事件。2010 年 7 月 16 日 18 时 50 分，大连新港至中石油大连保税油库输油管线在油轮卸油作业时发生闪爆，造成管线内原油泄漏并发生火灾，引发管廊道管线爆裂，火势顺排污渠蔓延，大量原油和污水流入海域，造成大连港附近水域约 50 平方千米的海面污染，其中重度污染区约 10 平方千米，最厚油污达30 厘米。

经过奋力扑救和清污，7 月 26 日海上油污基本清除，完成了国家提出的不让油污进入公海、进入渤海的要求，大连海域已基本恢复了往日的景象。

随着海上石油开采，海上石油运输空前活跃。2009 年，中国的原油进口第一次突破 2.0 亿吨，达到 20379.0 万吨，其中 90% 是由海洋运输完成。

海洋石油污染事件在最近数十年来时有发生。据国家海洋局统计，1998～2008 年中国沿海平均每 4 天发生 1 次石油意外泄漏。大连新港溢油事件只是冰山一角。

2. 意大利塞维索化学污染事故

伊克梅萨化工厂坐落在意大利米兰市以北 15 千米的塞维索附近的一个小镇上，隶属于总部设在瑞士日内瓦的 Givaudan S.A. 公司。该化工厂主要生产化妆品和制药工业所需要的化工中间体。1969 年该化工厂开始生产一种名为 2,4,5－三氯苯酚的产品，这是一种用于合成除草剂的有毒的、不可燃烧的化学物质。由于生产 TCP 需要在 150～160℃ 的高温下持续加热一段时间，因而为 2,3,7,8－四氯二苯并二噁英的生成创造了条件。

1976 年 7 月 10 日，伊克梅萨化工厂的 1,2,3,4－四氯苯（TBC）加碱水解反应釜突然发生爆炸，当时釜内的压力高达 4 个大气压，温度高达 250℃，包括反应原料、生成物以及二噁英杂质等在内的化学物质一起冲破了屋顶，飞入空中，形成了一个污染云团，这个过程持续了约 20 分钟。在随后的几个小时内，该污染云团随着风速 5 米／秒的东南风向下风口推移约 6 千米，并沉降到面积约 7.33 平方千米的区域内，污染范围涉及塞维素、梅达等 4 个城市，以及米兰省的另外 7 个城市。

事故反生后，伊克梅萨化工厂立刻警告当地居民不能食用当地的农畜产品，同时声明爆炸泄漏的污染物中可能含有 TCP、碱性碳酸钠、溶剂以及其他不明有害物质。7 月 12 日，反应釜所在的建筑物被关闭。

7 月 13 日，当地的小动物开始出现死亡；7 月 14 日，当地的儿童出现皮肤红肿。7 月 17 日，当地卫生部门邀请米兰省立卫生和预防实验室主任奥尔多教授到现场进行分析。尽管当时二噁英还鲜为人知，但奥尔多教授凭借其在公共卫生领域多年的专业经验，判断污染云团中含有的二噁英是造成动物死亡和儿童皮肤红肿的原因。不久，从位于瑞士日内瓦的 Givaudan S.A. 公司总部传来消息，公司实验室在事故发生后第一时间在现场采集的样品中发现二噁英。

据调查，爆炸发生时反应釜内的物质包括 2030 千克的 2,4,5－三氯酚钠（或其他 TCB 的水解产物）、540 千克的氯化钠和超过 2000 千克的其他有机物。在清理反应釜时，发现了 2171 千克的残留物，其中主要是氯化钠（约 1560 千克）。照此推算，污染云团实际上包含了约 3000 千克的化学物质，而据估计其中包括有 0.3～130 千克的二噁英。至此，伊克梅萨化工厂的爆炸事故造成的二噁英污染事件轰动了世界。

在这场事故中，有多人中毒。工厂周围 8.5 平方千米范围内所有的居民被迁走，1.5 平方千米内的植物都被填埋，在数公顷土地上表土层被铲除掉几厘米厚。事隔多年后，当地出生的婴儿中仍有大量的畸形儿。

此次事故后来被改编成电影，在 2006 年公演时，剧中的一句台词令人深思："是先有了人类，再有了化学与政治！"

3．莱茵河污染事件

风光明媚、景色宜人的莱茵河是欧洲的三大河流之一，它发源于瑞士境内的阿尔卑斯山脉，流经列支敦士登、奥地利、法国、德国和荷兰，全长 1320 千米，最后从鹿特丹港附近注入北海。这条古老而美丽的大河，是欧洲大陆的生命线。碧绿清澈的莱茵河水，像甘美的乳汁，滋润着两岸千万顷沃土，哺育着欧洲大陆的人民。

然而，1986 年 11 月发生在莱茵河上游瑞士的一场大火，酿成了一场巨大的悲剧，使碧波滚滚的莱茵河水一夜之间变了模样。这是切尔诺贝利核电站事故之后，欧洲发生的又一起严重的环境污染事件。

1986 年 11 月 1 日凌晨，位于莱茵河上游的瑞士巴塞尔城渐渐地从白天嘈杂的喧闹中沉静下来。在大街上，除了街灯和高大建筑物上的灯火依旧辉煌明亮之外，几乎见不到行人，只是偶尔有一两辆小汽车急驶而过。

一名警察驾驶着一辆夜间巡逻的警车，正沿着巴塞尔附近的高速公路疾驶。突然，他发现前方的夜空中透出可疑的红光，红光越来越亮，渐渐映红了四周的天空。他赶紧测试一下方位，确认那是瑞士三大化学公司之一——山都士化学公司的仓库所在地。于是他立即打开无线电步话机，向总部发出紧急警报："山都士化学公司 956 号仓库失火！"这时，时针正指向 0 时 19 分。急促的警报声像闪电划破了黑夜长空，把睡梦中的巴塞尔城惊醒。消防站的警铃骤然响起，160 名消防队员跃身而起，套上消防服，分乘十几辆消防车，风驰电掣般地奔向失火现场。

956 号仓库位于莱茵河左岸巴塞尔以东 10 千米的地方。那里储存着约 1250 吨剧毒化学品。火势借着大风，越烧越旺，熊熊的火舌直窜上五六十米的高空，大火燃烧的范围足有 15000 平方米。在高温的炙烤下，装满剧毒化学物质的钢罐，像炸弹一样一个接一个爆炸，发出巨大的响声和强大的冲击波，滚滚浓烟携着大量有毒气体飘向远方。这是一场非同寻常的火灾！

消防车一到，立刻将吸水管伸到莱茵河里，以每分钟泵起 13.62 吨的速度抽取河水，企图以河水制服熊熊燃烧的大火，阻止大火向周围其他仓库蔓延。

于是，含有剧毒化学物质和灭火溶剂的河水，迅速灌满了仓库周围的下水道，最后外溢到莱茵河里。

消防队员们虽然奋力扑救，但还是没能完全控制火势。到清晨 3 时 30 分，当地政府不得不一面派人四处报警，一面通过电台宣布该地区进入紧急状态。顿时，不断鸣响的警笛声和报道事态的广播声使熟睡的居民从梦中惊醒。广播车沿街行驶，向市民发出警告："市民们请注意！山都士化学公司的仓库起火爆炸，施放出大量有毒气体，请大家关好门窗，呆在家里千万不要外出！"随着紧急通知的播出，当地陷入一片混乱。

历时 4 个小时的大火终于被消防队员扑灭了。卫生部门的环境监测仪器测出大气中有毒物质含量并不足以损害人的健康，终于解除了紧急状态。但是，他们未曾料到，仓库中有 30 吨烈性杀虫剂、硫化物及 18 吨水银已随灭火剂和污水一起流进了莱茵河！

天刚亮，人们就惊讶地发现，火场附近的莱茵河已面貌全非，河面上泛起一片片红色、黄色、褐色的漂浮物，好像一个受伤的巨人在流血。从山都士化学公司仓库流出的污水，携带着汞、农药等剧毒物质泻入莱茵河后，形成了一股长达 70 千米的浊流，它的含毒量超出正常标准的 100 倍。这条浊流以 4 千米／时的速度向下游缓缓移动。浊流所到之处，鱼类死亡，水生物灭绝。宽阔的河面上漂浮着许多死去的鳗鱼、鳟鱼和鸬鹚、野鸭。离出事地点不远的一个养鱼场，几千条被毒死的鱼白花花地漂浮在河面上。浊流继续向下游漂去，从瑞士的巴塞尔到德国的美因茨，在长达 322 千米的河道内，大大小小的生物几乎毁灭殆尽。

据估计，由污染直接造成的损失达 6000 万美元，仅与瑞士接壤的德国巴登－符滕堡州，仅渔业损失一项就达 500 万美元。污染使莱茵河上游的鳗鱼全部死绝，整个莱茵河有 50 万尾鱼被毒死。生态专家认为，今后数年莱茵河里将无鱼可捕。

山都士化学公司为减轻损失，专门向莱茵河巴塞尔到鹿特丹港 850 千米长的沿岸各城镇的供水部门发去急电，请它们迅速查清当地河水受污染的情况。沿岸各国政府也立即采取了紧急措施，以防不测。法国政府下令禁止本国渔民到莱茵河捕鱼，牧民们不准在沿河地带放牧。原联邦德国切断了沿河地区的供水系统，有好几个城镇不得不依靠消防车运水来维持生活。荷兰政府立即下令关闭所有与莱茵河相通的河口，以保证境内的支流不受污染。接着又宣布用井水和储存水来供应居民，而有些居民甚至靠瓶装的矿泉水来救急。英国农业、渔业与食品部派出船只去北海待命，准备随时跟踪和监测有毒物质对北海的污染。

就在沿岸各国对这次污染大加防范之时，瑞士的个别化工厂却将山都士化学公司火灾事件视为可乘之机，把本厂存有的有毒垃圾也倾倒进莱茵河，这使莱茵河的悲剧雪上加霜。古老的莱茵河，在呻吟，在呼救；沿岸国家公众群情激愤，舆论一片哗然。

巴塞尔的居民举行集会，举着"我们不愿做明日之鱼"、"鱼类沉默，我们不能沉默"、"救救莱茵河吧"等标语牌，谴责山都士化学公司的犯罪行为。在山都士化学公司的所在地，数以万计的市民在大街上游行，要求政府公布事故真相。一些游行者戴着象征死亡的骷髅面具，以示抗议。还有些人边游行边在沿街的墙上书写"又一个切尔诺贝利"的字样，向人们发出警告。绿色和平组织则向法院起诉，要求山都士化学公司承担法律责任。法国、原联邦德国和荷兰要求瑞士赔偿由此而引起的一切损失。颇具权威的英国《经济学家》周刊当时在评论莱茵河的污染事件时指出："现在是全欧洲采取行动的时候了，无论是苏联切尔诺贝利核事故，还是瑞士的化学品仓库火灾，这类危机都远远超出了所发生国家的范围，整个欧洲大陆成了受害者。"

11月12日，莱茵河沿岸6国的环境部长们在苏黎世附近的格拉特布吕格召开会议，讨论怎样对付这次严重的污染事故。会议最后达成一项总协议，要求沿岸各国加强国际合作，不惜一切代价，采取各种措施，尽力减轻事故造成的危害。12月19日，环境部长们又来到荷兰的鹿特丹，再一次开会研究，共同制订清除莱茵河污染的计划。他们决定，邀请有关专家制定一项净化莱茵河的长期规划，并且同意受到山都士事件危害的国家通过莱茵河国际委员会向山都士化学公司提出索赔。

作为肇事者，山都士化学公司更是忙得焦头烂额，并把世界上最优秀的生态、生物和动物学方面的专家请来，一起会诊莱茵河的污染问题。并决定采取一系列措施，对事故现场进行大规模清污消毒，并用混凝土墙把事故仓库围住，整个覆盖起来。公司又设置了报警系统，修改了化工产品存仓条例。当然，更为大量的工作还是对莱茵河的清污。该公司会同莱茵河国际委员会和沿岸各国环境部门，制订了一项庞大的莱茵河清污计划。漂浮在河面的有毒物质的清除，需要数月，甚至数年的时间。而最麻烦的是沉积在莱茵河底的污物。据科学家测算，至少有300多千克的剧毒化学物质淤积河底，只要洪水泛滥，这些化学毒品就会沉渣泛起，给两岸人民带来新的威胁。为此，生态学家考虑把河中的有毒污染物质抽吸上来，但这显然不是一件容易办到的事情。按照当地环境保护官员瓦尔特·埃尔曼预计，至少要在10年之后，莱茵河的生态系统才能复苏，而要使河中原来的

30 多种鱼类恢复正常的繁殖循环，则需要更漫长的时间。

　　山都士化学公司的严重事故，引起了欧洲社会对环境公害的关注。在遍及欧洲的抗议浪潮中，一些污染严重的化学工厂被迫停产或关闭，各国政府也不得不采取措施，制止污染的扩散和蔓延。在严酷的事实面前，人们逐步意识到：人类在改造自然、创造文明的同时，必须注重环境保护，否则，必将自食苦果。

　　4. 二噁英污染肉鸡事件

　　20 世纪的最后几年对欧洲人来说是如此不平静，英国的"疯牛病事件"的风波刚刚平息下去，1999 年 5 月底，在比利时又发生了一起"鸡污染事件"——肉鸡饲养场的鸡饲料被污染，导致肉鸡体内二噁英致癌物含量超标。"一'食'激起千层浪"，一连串的食品污染事件使世界各国对欧洲一些国家出口的禽畜类食品和乳制品望而却步。

　　"鸡污染事件"的发生是比利时政府始料不及的，由此造成的直接经济损失达 3.55 亿欧元，加上相关食品工业，经济损失超过 10 亿欧元。除了经济损失外，比利时首相和两名部长还因采取环保措施不力而在一片责难声中引咎辞职，联合政府垮台，肇事者被送上法庭。

　　在"鸡污染事件"中扮演"黑客"角色的是二噁英。二噁英污染事件并不是第一次出现。历史上所发生的日本米糠油事件、越战期间美军在越南施洒落叶剂造成的严重污染，以及美国纽约州固体废弃物填埋场上建筑废料污染事件等，都是二噁英污染导致的。

　　二噁英是多氯二苯并二噁英和多氯二苯并呋喃的统称，其正式名称为聚氯化二苯二噁英。二噁英的产生主要来源于垃圾焚烧处理过程。1977 年，人们首次在荷兰的城市垃圾焚烧炉烟道排气及飞灰中发现了这种化学物，它共有 210 个同族体，其中几个被公认为毒性最强，其毒性相当于剧毒化合物氰化钾的 50～100 倍，有强致癌性、生殖毒性、内分泌毒性和免疫毒性效应。二噁英的特点是强化学稳定性和高亲脂性或脂溶性，该污染物很容易通过食物链富集于动物和人的脂肪及乳汁中，一旦进入体内又很难排出。由于二噁英是某些化学过程中产生的副产品，而不是特意生产的产品，所以人们一般不会在短时间内接触到大量的二噁英，它的致癌作用也都是经过长期积累后才显现出来的。二噁英既可以通过饮食从消化道进入人体，也可以从呼吸道和皮肤进入人体。一滴二噁英可以杀死 1000 人，1 盎司（约 28.35 克）二噁英可致 100 万人于死地。二噁英进入人体后，可使男子精子数量减少，睾丸癌和前列腺癌患病率增加；女性子宫内膜症患病率增加；引发特异反应性皮炎；破坏甲状腺功能与免疫系统；导致智力低下，等等，从而严重影响健康。

近年来，关于二噁英污染事件的报道并不只是比利时"鸡污染事件"。1999年3月，日本大阪府能势町垃圾焚烧厂在给96名工人体检时，发现有7名工人血液中二噁英浓度超标。这一事件被新闻媒体宣传得沸沸扬扬，被人们称为"环境激素"、"世纪之毒"的二噁英在日本也因此成为新闻热点，成了人人皆知的毒物。

5. 太湖蓝藻事件

被太湖滋养了千百年的江苏无锡，却在2007年遭遇了一场严重的饮用水危机。

2007年5月29日上午，在高温的条件下，太湖无锡流域突然暴发大面积蓝藻，供给全市市民的饮用水水源也迅速被蓝藻污染。虽然进行了打捞，无奈由于蓝藻暴发太严重而无法被控制。受到蓝藻污染、散发浓浓腥臭味的水进入了自来水厂，然后通过管道流进了千家万户。5月31日下午，在无锡市城市饮用水取水口区域可以看到，水面漂浮着厚厚一层蓝藻，腥臭味随风迎面扑来。蓝藻就像一层厚厚的棉被覆盖着水体。

蓝藻又称蓝绿藻，是一种最原始、最古老的藻类植物。在一些富营养化的水体中，蓝藻常会在夏季大量繁殖，并在水面形成一层蓝绿色有腥臭味的浮沫（称为"水华"），加剧了水质恶化，对鱼类等水生动物，以及人、畜均有较大危害，严重时会造成鱼类的死亡。

近年来，太湖几乎成为了我国江、河、湖、海污染的一个缩影，太湖蓝藻更是年年暴发。据了解，苏、浙、沪三地政府虽然多年来重视对太湖环境治理，但目前尚未收到标本兼治的效果，太湖的水污染依然严重，太湖生态系统还在持续恶化。如果再不痛下决心综合治理太湖，带给人们的将会是灾难性的生态恶果。

第四节　水　俣　病

往者不可谏，来者犹可追。

没有哪一起环境公害事件，像半个多世纪前发生在日本的水俣病这样如此强烈地震撼人们的心灵。这一震惊世界的污染事件（八大环境公害事件之一），给数以万计的受害者造成肉体的折磨和精神的痛楚，让人怵目惊心。企业和政府极端消极的做法，使污染继续蔓延，灾难继续扩大。漠视、掩盖和阻挠，导致的是更大的悲剧。

很多人都听说过水俣病，这是指人或其他动物食用了被有机汞污染的鱼、贝类，使有机汞侵入神经细胞而引起的一种综合性疾病，是世界上最典型的环境公害导致的病症之一。之所以称为水俣病，是因为该病于 1953 年首先在日本九州熊本县水俣镇发生，并与之后新潟县爆发的水俣病（通常将前者称为熊本水俣病，后者称为新潟水俣病或第二水俣病）、福山骨痛病、四日市哮喘病并列为日本四大环境公害病症。

水俣病实际为有机汞的中毒，患者手足协调失常，甚至步行困难，轻者有运动障碍、弱智、听力及语言障碍、肢端麻木、感觉障碍、视野缩小等症状；重者神经错乱、痉挛直至死亡，发病起 3 个月内约有半数重症患者死亡。怀孕妇女亦会将汞中毒带给腹中胎儿，导致幼儿天生弱智，或胎死腹中。

日本熊本县水俣湾外围的不知火海是被九州本土和天草诸岛围起来的一个内海，那里渔产丰富，是渔民们赖以生存的主要渔场。水俣镇是水俣湾东部的一个小镇，有 4 万多人居住，周围的村庄还居住着 1 万多农民和渔民。不知火海丰富的渔产使小镇格外兴旺。

1925 年，日本氮肥公司在这里建厂，后又开设了合成醋酸厂。1949 年之后，该公司开始生产氯乙烯，年产量不断提高，1956 年超过 6000 吨。与此同时，工厂把没有经过任何处理的废水排放到水俣湾中。

1956 年，在水俣湾附近发现了一种奇怪的病。这种病症最初出现在猫身上，被称为"猫舞蹈症"。病猫步态不稳、抽搐、麻痹，甚至跳海死去，被称为"自杀猫"。随后不久，此地也发现了患这种病症的人。患者中，轻者口齿不清、步履蹒跚、面部痴呆、手足麻痹、感觉障碍、视觉丧失、震颤、手足变形；重者会神经失常，或酣睡，或兴奋，身体弯弓高叫，直至死亡。

当时由于病因不明，这种病被叫做"怪病"。这种"怪病"就是日后轰动世界的水俣病，它是最早出现的由于工业废水排放污染而造成的公害病症。

水俣病的罪魁祸首就是当时处于世界化工业尖端的氮生产企业。氮被用于肥皂、化学调味料等日用品，以及醋酸、硫酸等工业用品的制造上。日本的氮产业始创于 1906 年，其后由于化学肥料的大量使用而使化肥制造业飞速发展，甚至有人说"氮的历史就是日本化学工业的历史"，日本的经济成长是"在以氮为首的化学工业的支撑下完成的"。

然而，这个"先驱产业"肆意的发展，却给当地的居民及其生存环境带来了可怕的灾难。氯乙烯和醋酸乙烯在制造过程中要使用含汞的催化剂，这使得排放的废水含有大量的汞。当汞在水中被水生物食用后，会转化成甲基汞 —— 一种剧毒物质。这种剧毒物质只要有挖耳勺的一半大小的量就可以致人于死地，而当时由于氮的持续生产已使水俣湾的甲基汞含量达到了足以毒死日本全国人口两次都有余的程度。水俣湾由于常年的工业废水排放而被严重污染了，水俣湾里的鱼、虾也早在"水俣病"爆发被污染了。这些被污染的鱼、虾通过食物链又进入了动物和人类的体内。甲基汞进入人体后被肠胃吸收，侵害脑部和身体其他部分。进入脑部的甲基汞会使脑萎缩，侵害神经细胞，破坏掌握身体平衡的小脑和视觉系统。

据统计，有数十万人食用了水俣湾中被甲基汞污染的鱼虾。早在"水俣病"爆发之前，就屡屡有过关于不知火海的鱼及附近的鸟、猫等生物异变的报道，有的地方甚至连猫都绝迹了。

水俣病严重危害了当地人的健康，使很多人身心受到摧残，经济上受到沉重的打击，甚至家破人亡。更为可悲的是，由于甲基汞污染，水俣湾的鱼、虾不能再捕捞食用，当地渔民的生活失去了依赖，很多家庭陷于贫困之中。不知火海失去了生命力，伴随它的是无尽的萧条。

但是在氮肥公司施加的压力下，水俣病的真相一直被捂盖着，甚至一些研究机构提供研究报告证实水俣病与氮肥公司的污染无关，导致"水俣病"迟迟得不到有效控制，氮肥厂也继续肆无忌惮地排放污水，受害者数量日益扩大。

正义终将战胜邪恶。经过有识之士多年艰苦卓绝的努力，1979年3月23日，法院以企业活动引起的公害犯罪为由，对原氮肥公司经理进行公判。但根据两被告年事已高，分别判处他们两人监禁2年，缓期3年执行。这是日本历史上第一次追究公共场所犯罪者的刑事责任。统计显示，水俣镇的受害人数多达1万人，死亡人数超过1000人。氮肥厂为此而支付的赔偿金额和医疗费、生活费等费用累计超过300亿日元。迄今为止，因水俣病而提起的旷日持久的法庭诉讼仍然没有完结。

另一方面，为了恢复水俣湾的生态环境，日本政府花了14年的时间，投入485亿日元，将水俣湾深挖4米才把含汞底泥全部清除。同时，在水俣湾入口处设立隔离网，将海湾内被污染的鱼全部捕获并填埋。在整个水俣病公害中，日本政府和企业至少花费了800亿日元。

2010年5月1日，为纪念54年前水俣病得到正式确认一事，水俣市举行了"水俣病牺牲者慰灵式"。鸠山由纪夫作为首位出席慰灵式的日本首相，与环境相小泽锐仁等人到现场悼念死者。鸠山在致辞中道歉说："承认未能防止危害扩大的责任，对此表示诚挚的歉意。"

当天还开始受理根据《特别措施法》进行的未被认定患者的救济申请。标志着 1995 年以来的大规模未认定患者救济即将启动。鸠山谈及此次救济行动时表示："绝不认为水俣病问题就到此结束"，今后还将"推进水俣病患者的医疗福利和生态修复，将水俣病的教训告诉世界"。他还表示，将积极推动签订防止汞污染的国际性条约，并希望将条约命名为《水俣条约》。

寂静的水俣湾上，一群和平鸽悠然飞过，像天边突然飘过的一抹白云，清澈的水俣湾里投下了它们的身影。和平鸽不知道，100 年前的水俣湾比现在更加清洁干净；而只有水俣湾和水俣镇的人们知道，这 100 年来的风起云涌，掩藏了怎样惊动天地的事情，又卷起了多少波云诡谲的浪涛。

寂静的水俣湾，又将重复着它一年又一年的寂静，只是这寂静的背后，历史上这沉重沧桑的一笔，必将为世人所铭记。

日本在第二次世界大战后经济复苏，工业飞速发展，但由于当时没有相应的环境保护和公害治理措施，致使工业污染和各种公害病随之泛滥成灾。除了水俣病外，四日市哮喘病、富山骨痛病等都是在这一时期出现的。日本的工业发展虽然在经济上获利不菲，但难以挽回的生态环境的破坏和贻害无穷的公害病症却使日本政府和企业日后为此付出了极其昂贵的治理、治疗和赔偿的代价。

第五节　博帕尔事件

博帕尔市位于印度的中部，是印度中央邦的首府，人口 70 余万，是一座风景秀丽的城市。这里是古代印度教和佛教的圣地，当时前来朝拜进香的人络绎不绝，至今仍保存有许多气势宏伟的庙宇。这座默默无闻的城市，一夜之间，却由于一场空前的灾变而震撼了全球。

1984 年 12 月 2 日的夜晚，寒风凛冽，博帕尔市的居民们劳累了一天，早就关门闭户，上床休息了。整个城市很快沉浸在宁静的夜色中，大街上冷冷清清，偶尔才可见一两个匆匆赶路的夜行人。谁也想不到，一场浩劫，正在向熟睡中的人们扑来。

首先遭殃的是在工厂周围贫民区的穷人。3 日凌晨，他们被刺耳的汽笛声惊醒，感到大事不好，便胡乱穿上衣服朝外跑。刚出门，一股呛人的气味便扑面而来，许多人被熏得头晕眼花、呼吸困难，顿时惊慌失措地四处奔逃。还有不少人被呛醒后，企图紧闭门窗避难，但死神却从门缝中伸进了它的魔爪。更加悲惨的是，有数百人在睡梦中就被毒气夺去了生命。毒气随着寒风继续悄无声息地向东南方向蔓延，一会儿就扩散到离开工厂不远的火车站。一名值夜班的车站工作人员正在接电话，一股毒气袭来，他立刻跌倒在地，很快就停止了呼吸。火车站的站台，是流浪乞丐过夜的地方。冷风中缩成一团的乞丐们，在几分钟内就有十来人相继毙命，其他 200 余人也都奄奄一息。毒气穿过街道，扫过庙宇，越过商店，继续向四方飘散，很快笼罩了方圆 40 平方千米的博帕尔市区。顿时，整个博帕尔市警笛四起，喊声连天。市民们纷纷从梦中惊醒，慌乱地夺门而逃。当人们弄清是毒气泄漏时，全城的人蜂拥而出，或乘汽车，或骑自行车，或跑步，千方百计地想尽快逃离这座可怕的城市。许多人一出门就被毒气熏瞎了眼睛，但仍然挣扎着向前行，一心想逃出毒气肆虐的区域。许多人跑着跑着就倒下了，陈尸路旁。

天亮时，人们赫然发现博帕尔市的街头巷尾，尸体横陈，惨不忍睹。这里到底发生了什么事？是瘟疫，还是核武器爆炸？为什么这一切来得如此的突然，如此的可怕？

原来，在博帕尔的北部，距市中心 15 千米处，有一家规模很大的工厂，名为联合碳化物印度公司。"碳化物"是什么东西，许多人都不知道。实际上，这是美国的一家跨国公司，是专门生产杀虫剂西维因和涕灭威的农药厂。自 1969 年工厂开工以来，许多来自市郊和农村的穷人进厂当了工人。他们在工厂周围搭棚筑屋，作为栖身之地。随着生产规模扩大，就业人员增多，这里就形成了两座小镇——贾培卡希和霍拉。发生在 1984 年 12 月 3 日凌晨的这场震惊全世界的大惨案，就是由于这家农药厂毒气泄漏而造成的。

出事的第一个征兆出现于 12 月 2 日深夜 23 时。当时联合碳化物公司农药厂的一个值班工人从控制室的仪表显示器上发现一个储气罐的压力在急剧上升。储气罐里装有 45 吨液态异氰酸甲酯，其温度达到 38℃，这表明这种有毒液体正在气化，而且随着温度的上升，毒液气化的速度还在加快。尽管如此，储气罐上装有一个安全自动阀，它可使毒气进入净化罐中得到中和，化险为夷。但不幸的是，这个自动阀在此生命攸关之际却失灵了，同时，罐上的紧急阀门也不知怎么就不起作用了。值班工人感到问题严重，赶紧叫来两名修理工，拿着简单的工具进行修理。可他们捣鼓了半天，依然无济于事。

3 日 24 时 56 分，由于罐内气体压力太大，储气罐阀门终于被顶开了，剧毒气体泄漏出来，腾空而起，在工厂上空形成一个巨大的蘑菇状气柱。浓烈的毒气趁着风势，向东南方向飘去，很快弥漫整个博帕尔市。

异氰酸甲酯是一种剧毒气体。在第二次世界大战期间，德国纳粹分子在集中营就曾使用这种毒气杀害了大批犹太人。有关专家指出，人只要吸入百万分之二，就性命难保。即便是幸存者，也会染上肺气肿、哮喘、支气管炎等病症，甚至双目失明。

天亮了，整个博帕尔市像遭受了核武器袭击一样，一座座建筑物虽完好无损，却横尸遍地，犹如一座人间地狱。在马路边随处可见一具具尸体。当地政府不得不动员人力和机械来进行清理，埋葬死亡者。博帕尔市的大小火葬场和墓地忙得不可开交。因为死亡人数实在太多，最后只好采取集体埋葬的办法。整座城市哭声不绝，一片凄惨。在新埋死人的坟地里，一群群野狗刨开浅浅的墓穴，拖出尸体来争相撕咬。野狗被悲愤交加的人们赶走一群，又来一群。不久，那些吞噬人肉的野狗也一个个倒地丧命了。

在博帕尔市的大小医院和急救站前，一清早就挤满了前来诊治的受害者，呻吟声、哭喊声混成一片。有的人眼睛已经瞎了，有的人呼吸困难，大口大口地喘着气，尤其是那些年迈的老人和幼小的儿童。哈米第亚医院地处出事地区，在事故发生6天以后，前来就诊的患者人数仍然达到每分钟一人。

这次毒气泄漏惨案酿成了人类有史以来最残酷的一次工业事故，它给印度带来的灾难不亚于一场战争。据统计，在3年内因这场事故死亡的人数高达2850人，20多万人的健康受到伤害，其中1000多人双目失明，许多人的肺、胃等器官受到永久性损伤，还有些人由于恐惧和悲哀过度而精神失常。随着时间的流逝，尽管惨烈的事故过去了，灾难却没有结束——在污染地区的孕妇生下的畸形儿数量大大增加，有些婴儿刚来到人间就悲惨地死去。树叶仍在脱落，草木大片枯死，湖水也变了颜色，博帕尔变成了恐怖的死亡之城。

事故发生后，当年10月上台执政的印度总理拉·甘地特地赶到博帕尔市，除对受害者表示哀悼之外，还宣布发放400万美元的抚恤金。当地政府也立即制定了拯救受难者的方案。

出事后几小时，印度中央邦政府就下令关闭这家农药厂，并以"过失杀人"的罪名逮捕了该厂经理和4名工作人员。当来自美国联合碳化物公司的5名工程师抵达博帕尔时，当地政府拒绝让他们进入工厂调查，以防止他们毁灭证据。印度中央情报局封存了该厂的生产日志，以彻底调查事故的原因。

几天后，美国联合碳化物公司的董事长安德森飞抵博帕尔，他刚下飞机，就被警方拘留，6小时后在他缴纳了2500美元保证金后获释，随后飞赴新德里，会见印度外交部的高级官员。安德森回美国不久，宣布总公司捐款100

万美元救济受害者，但印度中央邦政府拒不接受，并表示要通过法律诉讼解决索赔问题。

博帕尔事件震惊了全世界，各国舆论为之哗然。不少国家发去了慰问电，还派出医疗专家并携带药品赶赴出事地点，协助抢救受害者。不少报刊口诛笔伐，谴责美国联合碳化物公司在安全防护上采取了双重标准：博帕尔农药厂只有一般的安全设置，而设在美国本土的工厂除此之外，还有电脑报警系统；印度这家工厂的厂址选在人口稠密地区，而美国本土同类工厂却远离人口稠密地区；博帕尔农药厂从未向该厂周围的居民告诫过一旦发生险情该怎么办，即使是厂内的工人，对自己天天接触的毒气也知之甚少。几年前，厂里曾出过泄毒事故，一名工人被外漏毒气毒死，不久又有 30 名工人被毒气熏倒。但厂方总是说："一切正常。这种气体只会使眼睛发痒，用冷水洗洗马上就没事了。"工人们谁都不知道这种毒气的危险性。当 1984 年 12 月 3 日凌晨因毒气外泄而拉响警报时，这些善良的穷苦百姓还以为工厂着火，从四面八方奔向工厂救火，孰不知等待他们的却是死亡。

从 12 月 16～19 日，印度政府派人把农药厂剩余的 15 吨致命毒气中和成为杀虫剂，并且出动了 5 架直升飞机和 3 架小型飞机，从农药厂上空向工厂储气罐喷水，以防止再次发生泄漏事件。

消息传到难民营时，灾民们松了一口气，但对毒气泄漏事件仍然心有余悸，第二天只有几万人返回家园。又过了些日子，这些惊慌外逃的博帕尔居民才陆续返回，但他们心头上的创伤和怒火是无法平息的。他们坚决要求追究美国联合碳化物公司的责任，并赔偿损失。印度全国的律师和法官也摩拳擦掌，准备同灾难的肇事者打一场人命官司。

但是，出人意料的是，远在万里之外的美国律师界却先行一步，开始为印度的受害者申冤了。事故发生后第四天，在当地的人们还忙于抢救伤员、掩埋死者的时候，大批美国律师便蜂拥赶至博帕尔，他们有的开设办事处，有的作报告，还有的深入难民营与受难者面谈，拉着他们的手按指纹，为他们拍录像。这些美国律师信誓旦旦地向灾民们保证，要在美国代表他们打官司，向美国联合碳化物公司索取赔偿，并且附加种种优惠条件。这对于身陷困境、生活无着落的博帕尔灾民来说，真是个天大的好消息。因此，当这些律师离开印度时，几乎每个人的皮包里都塞满了诉讼委托书。他们回去后也确实正式在美国各州的法院提出 100 多宗索赔诉讼案。久负盛名的旧金山梅尔文·贝利律师事务所和另外两家律师事务所一起，代表印度受害者向美国一家法院起诉，要求美国联合碳化物公司赔偿

50亿美元和惩罚性赔偿费100亿美元。美国加利福尼亚的3名律师以全体受害者的名义，在纽约向联邦法院起诉，要求美国联合碳化物公司赔偿200亿美元。芝加哥的一名律师也提出诉讼，要求美国联合碳化物公司赔偿500亿美元。提出诉讼的律师越来越多，提出的赔偿额也越来越高，有的甚至要求赔偿1200亿美元。

但究竟是什么原因使这些"好心"的美国律师如此"义肝侠胆"，不远万里要为"那些可怜的印度灾民赢得正义和金钱"呢？美国某杂志刊登的一幅漫画，入木三分地道出了其中的奥秘。在这幅题为《吃肉的猛禽》的漫画中画着一群黑色的美国律师，像嗜食死尸的秃鹫一样，在博帕尔市上空盘旋，寻觅合适的猎食对象。原来，按照美国的有关法律，官司打赢的一方可以从赔偿金中拿出相当可观的数额来酬谢律师，最高可达赔偿金总额的1/3。这场状告美国联合碳化物公司的诉讼，赔偿金不仅空前巨大，而且肯定胜诉。正是这一笔唾手可得的酬谢金，把这些美国律师们引到了博帕尔。

但是，印度方面早已洞悉其意，并没有领美国律师的情。印度中央邦政府首席法律顾问拉德利·夏兰·辛哈，在记者招待会上劝告人们不要委托外国律师去打这场官司。他告诉难民说，印度政府准备对美国联合碳化物公司提出约10万个诉讼案，以迫使公司方面对每个死伤者给予充分赔偿。不久，印度政府就组成了由印度律师和另外两家美国律师事务所联合参加的委员会，正式代表博帕尔的受害者，向美国纽约联邦法院提出诉讼，打起了这场旷日持久的人命官司。

在接到诉讼后，美国纽约联邦法院却一直采取拖延不办的态度。与此同时，美国联合碳化物公司也在法庭内外四处活动。公司董事会聘请了律师、专家，组成了一个足智多谋的班子研究对策。开始，美国联合碳化物公司为尽快了结这场官司，提出要与印度政府达成法庭外协议，即赔偿2.4亿美元了事，但印度政府要求其赔偿6.5亿美元，双方所提数目相距甚远，经过几个回合，协议难以达成。1986年初，美国联合碳化物公司又一次开价3.5亿美元作为赔偿，企图一揽子解决问题，但印度政府仍不为所动，坚持诉诸法律。然而，对此事一直拖沓不办的美国纽约联邦法院却于1986年5月作出裁决，接受美国联合碳化物公司的另一提案：鉴于此案在印度发生，应当由印度司法机关审理，而不应在美国办案。

就这样，美国法院在僵持了一年半之后，将这只皮球跨洋过海又踢回印度。面对美国纽约联邦法院踢回来的皮球，印度司法界义不容辞地担当起这一案件的审理工作。但对于既缺乏经验制度又不甚健全的印度法庭来说，要审理这样一桩牵涉到在美国的跨国公司及其子公司，而且关系到20多万人生命的复杂案件又谈何容易。况且在现行印度法律中，尚无任何条文可以作为此案的判案依据。

印度政府于 1986 年 9 月向中央邦博帕尔地方法院提起诉讼，指控美国联合碳化物公司给博帕尔市民带来的灾难。又经过两年半的反复交涉，多次开庭闭庭，这场马拉松式的官司才有了最后的结果：1989 年 2 月 14 日，印度最高法院要求美国联合碳化物公司为其在印度的子公司向印度赔偿 4.7 亿美元的损失，并要求美方在 3 月 31 日前付清这笔赔款。美国联合碳化物公司的发言人不久发表声明，表示接受印度法院的决定。至此，这场历时 4 年多的诉讼案终于得到"公平合理"的解决，但博帕尔市的广大灾民，却仍有相当一部分人在饱受毒气摧残后死去，其有生之年未能得到美国联合碳化物公司的丝毫赔偿。

博帕尔事件是发达国家向发展中国家转移高污染及高危害企业的一个典型恶果。20 世纪后半叶，环境公害问题在发达国家受到广泛关注。为此各国政府制定的环境标准越来越高，致使很多企业都把目标转向了环境标准相对不高的发展中国家。一些发展中国家为获取较大的经济利益而热衷于吸引外资，也重视技术和设备的引进，但忽视安全和环境保护。于是一些企业利用这一点，把一些在发达国家几乎不允许设立的产业转移到发展中国家，从而造成了许多环境问题。

第六节 切尔诺贝利核电站泄漏事故

原苏联的切尔诺贝利是个风景宜人而又很普通的小镇。然而，1986 年 4 月发生的切尔诺贝利核电站事故，却使它在一夜间震动了全世界。切尔诺贝利成了核灾难的象征，成了欧洲人闻之色变的恐怖名词。

根据古希腊的神话传说，众神按照宙斯的意志创造了第一个女人，名叫潘多拉。宙斯派潘多拉来到人间，并送给她一只魔盒，里面装有灾难和希望。潘多拉一到，就把魔盒打开，结果一切灾难都从魔盒飞出，从此人类就遭受灾难，只有"希望"还留在盒底。那些由混凝土全封闭的核反应堆，就像是神话中的"潘多拉魔盒"，里面装的是放射性元素钚和铀。在科研人员的严格控制下，钚和铀乖乖地在反应堆中裂变，产生巨大的能量。核能发电给人类带来了巨大的经济效益，也给人类带来了希望。然而，核能只有关在"魔盒"——全封闭的反应堆中时，才是安全高效的。而一旦反应堆破裂，"核魔"就会从中飞出来，给人类带来巨大的灾难。原苏联切尔诺贝利核电站发生的核泄漏，是自美国原子弹袭击日

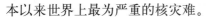

本以来世界上最为严重的核灾难。

切尔诺贝利位于乌克兰首府基辅以北约 130 千米处。每年的夏天，这里绿树成阴，河水清澈，许多基辅人、莫斯科人和列宁格勒人都喜欢全家老少一起来这里度假。他们租下几间木屋作为度夏的"别墅"，采蘑菇，做果酱，或者去基辅的海滨捕鱼、晒太阳，尽情地享受着大自然的绚丽风光。似乎谁也没有在意位于切尔诺贝利以北不远处存在一片"禁区"，那里隐藏着由厚厚的混凝土覆盖着的巨大建筑群。这些用混凝土封闭起来的建筑物就是切尔诺贝利核电站。该核电站始建于 1971 年，有 4 个核反应堆发电机组，每个机组拥有 100 万千瓦的巨大功率，它们从 1977 年到 1983 年相继投入运行。该电站每年的发电量约占原苏联核电力的 10%。因此，切尔诺贝利在原苏联小有名气，不过在世界上却默默无闻。

1986 年 4 月 26 日子夜时分，经过一个愉快的周末，人们都已进入了梦乡。乌克兰在酣睡，切尔诺贝利在酣睡。然而谁也没有想到，切尔诺贝利核电站 4 号反应堆这只"魔盒"的盖子正在悄悄地松动，"核魔"正趁着管理人员的操作失误而顶开盖口。一场空前的浩劫正在向人们袭来。

凌晨 1 时 23 分，一道异样的红光突然闪现在切尔诺贝利核电站的上空。随着两声惊天动地的爆炸声，30 米高的火柱直冲云霄，熊熊火焰照亮了漆黑的夜空，高达 2000℃的火焰吞噬了整个厂房，4 号核反应堆里的"核魔"冲出了炸裂的盒盖！两名操作人员当场被坍塌的混凝土构件砸死，1700 多吨石墨变成了燃烧的燃料，4 号核反应堆仿佛是一团大火球。滚滚浓烟夹杂着大量的放射性物质，释放到大气中，使周围环境的放射剂量达到每小时 156 库仑／千克，是人体所允许剂量的 2 万倍。人如果受到如此高辐射的伤害，轻者患上放射病，重者当场死亡。大爆炸之后，火势迅速蔓延，核电站多处着火。从火情来看，机房屋顶着火最为危急，因为它可能成为正在运行的 3 号核反应堆的"联系环节"。屋顶如果坍塌，会砸在 3 号核反应堆上，使之失去封闭性，从而造成新的核泄漏，其后果不堪设想。

火光就是命令。最先赶到出事地点的是消防队员。核电站消防第 3 分队风驰电掣般地奔到火场，他们冲上机房屋顶，很快将火扑灭，从而切断了通往 3 号核反应堆的火源。火势得到控制后，留下几个人原地守护，他们再奔向更危险的 4 号核反应堆。此刻，4 号核反应堆火光冲天，市消防队第 6 中队的一个小分队，正冒着扑面而来的热浪往上攀登。他们顺着梯子往上爬，抱着水龙头喷水灭火。表面的火很快就被灭了，但是 6 个年轻的消防队员却被高辐射所击倒，刚抬到医院就牺牲了。其他灭火的消防队员或被火烧伤，或受到严重辐射。不少人呕吐不止，这正是受到大剂量辐射的典型病症。

事故发生后，原苏联的核专家和当地政府领导迅速云集切尔诺贝利。他们先后调集15支消防队来灭火。快天亮时，火灭了，但4号核反应堆还在喷射着黑烟。这说明反应堆里的火并没有熄灭，还是一个烧红的"结晶体"，而且核泄漏还在继续。怎样才能使这个核反应堆的心脏冷却，并堵住它的裂口呢？经过几小时的讨论，专家们决定：由于核反应堆的高辐射，人员无法接近，必须由直升飞机把一袋袋沙子、硼砂、铅锭等从空中投放到反应堆上，以堵住裂口，封闭辐射源。于是，从4月26日傍晚起，数百名青年开始将沙子装进口袋里。第二天早上，几架直升飞机飞来，把沙袋投向核反应堆。但即使是空中投放，也必须防止核辐射。飞行高度不能低于200米，而且，飞机在核反应堆上空飞行时，飞行员还必须时刻注意放射性剂量仪。当放射线是每小时0.00258库仑/千克时，就得设法避开高辐射。有时为了躲避高辐射，飞行员需折腾20～30分钟才能将沙袋投到目标上。这样从早到晚，一天下来几架飞机只投了80多个沙袋，可谓杯水车薪。当局很快又调来十几架载重量较大的米格—26直升飞机，并增加了飞行次数，经过10多天的奋战，共用了5000吨的沙子、硼砂、白云石、石灰石、铅锭等，将一层厚厚的保护层覆盖在了4号核反应堆的外面，终于在5月11日核泄漏被抑制住了。接着，又在它的外面封上了很厚的混凝土，使其完全被封闭在一个巨大的"石棺"中。

"潘多拉魔盒"终于被重新关闭了，但爆炸后飞出去的那部分"核魔"，却仍在肆无忌惮地污染着周围的环境，威胁着人们的生命。首当其冲的就是生活在这个爆裂的"魔盒"周围的人们。在切尔诺贝利核电站西北18千米处，有一座与它几乎同龄的新兴城市——普里皮亚季，那里住着5万居民，几乎都是核电站的职工及家属，核电站爆炸事故发生后，许多正在休假的职工家属纷纷赶回核电站，投入了灭火战斗，不少人由此得了辐射病。因为核污染看不见、嗅不到、摸不着，人们感觉不到核污染的严重性，在出事那天，普里皮亚季市并未采取强有力的防核污染措施，只是派出三四辆洒水车，给路面喷洒肥皂水，以防止放射尘埃飞扬；市民们仍像往常一样，在街上散步，到浴场游泳，去河边垂钓；孩子们也照常去上学，照样在户外玩耍，结果导致患放射病的人越来越多。据当时在现场抢救的医生事后透露，他们在出事第一天里就接诊了1000多个患者。直到4月26日深夜，即事故发生快一昼夜时，当局才做出了将出事地点30千米范围内所有居民全部疏散的决定。

4月27日是个春光明媚的星期天，绝大多数基辅人对已发生的核泄漏仍一无所知。数千名基辅人一早就出门，准备乘公共汽车去郊外游玩，却发现平日井然有序的交通，今天却混乱不堪，许多线路被取消，有的线路只有一两辆客车行驶。车站上挤满了候车的人，人们纷纷埋怨车场调度员玩忽职守。实际上，各客运部门半夜就接到紧急通知，城里的公共汽车几乎全体出动，连夜赶往普里皮亚季市，帮助疏散那里的居民。

就在这天凌晨6时，普里皮亚季市政府通过广播电台，向全市居民发布了一个紧急通告：鉴于切尔诺贝利核电站发生事故，宣布全市居民疏散，疏散开始时间为当天下午14时。请携带随身证件、生活必需品和3天的口粮到指定地点集中。要在短短的几个小时内，疏散市区及周围地区约10万人，这的确不是一件容易的事。但疏散工作却出乎意料，非常有秩序。一来层层负责，组织严密；二来"敌人"是无形的，大多数人并未意识到问题的严重性，况且只疏散3天。中午12时一过，大多数市民便按照广播的要求，提着一个个不太大的手提包，里面塞着几件换洗衣服和一些食品，静静地在自家的楼前集合，等候上车。不久汽车就开来了，经警察登记后，人们有秩序地上车离去。上千辆汽车排成两列，沿公路蜿蜒行驶，成千上万的居民就这样离开了自己的家（后来才知道是永远放弃了）。他们穿着一身夏装，只携带最必需的物品，没有眼泪，没有抵触，只是默默地、面无表情地向这个养育自己的美丽而整洁的城市告别。傍晚，他们被一一安顿在与切尔诺贝利毗邻的波列斯克区和伊凡科沃区的各个村庄里。当疏散工作基本结束后，警察和留下来值勤的人员，又挨家挨户地寻找那些躲藏起来不愿疏散的人，并将他们送走。

几天后，普里皮亚季便成了一座空城。这座被放弃的美丽城市里只留有极少数的留守人员。到处是空荡荡的，呈现出一幅凄凉的景象：高楼大厦人去楼空，阳台上还停放着自行车，晾晒着衣服；办公室的报夹上，夹着的报纸日期是1986年4月25日，办公桌上的鲜花已经凋谢；在城市的入口处，满是身穿绿色防化服的士兵和装有信号系统的密密层层的铁丝网；警察不时在街上巡逻，为的是保护被疏散居民的住宅，防止那些趁火打劫者前来捞取被放射尘埃污染了的财物。

5月初，核污染的阴影也笼罩着基辅。事故发生后的最初几天，从切尔诺贝利释放的放射性烟云向西北方向飘动，但到了4月30日风向起了变化，向基辅方向吹来。放射性尘埃刮向这座有几百万人口的城市。于是，洒水车开始不间断地日夜奔忙，用水冲掉柏油马路上的核尘埃。在企业、商店甚至每座楼房的门口，都放有湿抹布，供人们擦鞋之用。中、小学都停课了，学生们被送往远离核事故的地区。大街上，身穿连衫裤工作服，头戴防毒面具，手拿辐射剂量检测仪的检查员随处可见。在进入基辅市的大道旁设立了检查站，等候检测的汽车将路挤得水泄不通。在市场上，再也见不到牛奶和奶制品了，蔬菜都要经过放射剂量测定才允许出售……

尽管在5月1日，基辅市按惯例仍然举行了盛大的游行庆祝活动，但上述预防措施引起人们的种种猜测，从而处于极度惊慌、不知所从的状态之中。一些人开始惶惶不安地逃离这座城市。人们在火车和飞机售票处前排起了长龙。去莫斯科的"黑市"车票，涨到原票价的6～7倍。甚至皮箱和皮包也成了人们抢购的热门商品，因为有传言说，基辅也要疏散。随着时间的推移，人们才慢慢平静下来。

切尔诺贝利上空的核阴云，随风飘荡，从北欧飘向东欧，将死亡的威胁洒向全欧洲，在国际上引起了恐慌。4月27日下午，与原苏联隔海相望的瑞典军用雷达站里，一名值勤军官突然发现自动监测仪显示周围环境的核辐射量急剧上升，高出正常值的6倍。他赶紧向其他9个军用雷达站发出警报，而它们也都测出核辐射水平上升的异常情况。雷达站的军人们一边向上级报告，一边焦虑不安地监视着这危险的"敌人"。

4月28日清晨，距瑞典首都斯德哥尔摩以北160千米处的福斯马克核电站，突然响起了刺耳的警报声。值班的安全人员立即进行检查，结果发现是一名上早班的工人引发了厂房门口的自动报警器，经检验，这名工人以及一些刚来上班的工人身上都沾有放射性尘埃。安全人员起先怀疑是自己电站的核反应堆出了问题，但经过彻底检测，并未发现异常，只是测出核电厂外部的核辐射量高出正常值4～5倍，其原因尚不清楚。为了保障人员安全，核电站还是决定将600多名职工撤出，并对他们以及附近的居民逐一进行体检。同时，厂方也把这一异常情况报告了有关当局。正当福斯马克核电站处于惊恐不安的时候，瑞典核研究中心的反应堆外部也发现了急剧增加的核放射尘埃，芬兰、丹麦、挪威也测出辐射剂量的异常情况，而原苏联的邻国芬兰情况最为严重。专家们由此排除了福斯马克核电站发生事故的可能性。根据对收集到的放射性物质进行的成分分析，以及对风向、云图等气象资料的研究，专家们推断很可能是原苏联的某个核电站发生了核泄漏。瑞典政府根据专家们的报告，指示瑞典驻原苏联大使与原苏联有关部门交涉。4月28日中午和晚上，瑞典大使馆几次交涉并询问情况，但对方的回答都是无可奉告。然而，在监测技术高度发达的今天，如此严重的核事故又怎么可能隐瞒得住呢？

　　到了4月28日晚上9时2分，原苏联电视台播发了一个极其简短的公告："切尔诺贝利核电站发生事故，一座原子反应堆受到损坏。"这是原苏联第一次公开承认这起核事故，此时距事故发生已整整过去了60个小时！顿时，整个欧洲陷入了恐慌和骚动之中。瑞典、芬兰等国立即向国内发出预防核污染的警报，禁止儿童外出玩耍，关闭儿童娱乐场和露天游泳池。波兰、罗马尼亚、原南斯拉夫等东欧国家则明令居民不得饮用雨水，不得食用野外放牧的牛羊的奶，不要生吃蔬菜。意大利卫生部决定两周内禁止出售新鲜蔬菜，孕妇和10岁以下的儿童不得食用鲜牛奶。英国、德国等国家对原苏联和东欧国家入境者逐一进行放射性污染检查，并禁止从原苏联和东欧进口新鲜食品。离事故发生地最近的波兰，迅即成立了一个由副总理牵头的委员会，以采取种种措施来防止核污染。

　　欧洲的恐慌并非毫无理由。因为人类或其他生物一旦遭受到过量的放射性物质的辐射，就会引发放射性疾病。这种疾病分为急性和慢性两种，重者能破坏神经、消化和骨髓造血系统，从而导致死亡和伤残；轻者也会引起头痛、头晕、呕吐、白血球减少等症状。所以，放射性污染引起的社会公害和对人类生命造成的威胁，是其他任何污染都无法比拟的。事实也正是如此。根据原苏联官方5月17日公布的数字，共有299人受到大剂量辐射，17人死亡，加上当场死亡2人，已经死亡19人，另有18人处于病危状态。5月30日，官方又宣布有179人被送进医院治疗。但其他国家的专家认为，实际伤亡情况应该远比官方公布的严重。当时美国著名核医学专家盖尔飞抵莫斯科，参加了抢救核辐射受害者的工作，他领导的医疗小组与原苏联同行一起，投入到与死神争夺299名严重核辐射病患者的生命的战斗中。他们在一周内对19名患者进行了骨髓移植手术，但其中仍有13人不幸死亡。另一位美国医生韦斯·华莱士也到原苏联访问了一个月，调查了核辐射受害者。他在1986年8月会见记者时说："切尔诺贝利的灾难刚刚开始。"因为事故地区的工人和居民吸引了6戈瑞以上的辐射量，而一般认为，4.5戈瑞辐射量就会使健康成年人死去。在事故发生3天之后，附近的居民才被匆匆撤走，但这3天的时间已使很多人饱受了放射性物质的污染。截至1992年，已有7000多人死于这次事故的核污染。而这次事故造成的放射性污染涉及15万平方千米的地区，那里居住着690多万人。

　　这次事故使原苏联经济蒙受巨大损失。首先，切尔诺贝利核电站四个核反应堆机组全部停掉，这使原苏联核电损失10%。而芬兰、埃及等一些国家原计划订购原苏联的核电设备，也因这次事故而取消了订购计划，损失近百亿美元。其次，清除核反应堆及周围的核污染，是一项十分艰巨的工作，至少要花费数十亿美元。另外，乌克兰的粮食产量占原苏联15%，1986年，因核事故使谷物减产2000万吨，而且乌克兰的数千平方千米的肥沃土地在若干年内都无法耕种。由于这次事故，核电站周围30千米范围被划为隔离区，附近的居民被疏散，庄稼全部被掩埋，周围7千米内的树木逐渐死亡。在日后长达半个世纪的时间里，核电站周围10千米范围以内不能耕作、放牧；10年内，100千米范围内被禁止生产牛奶，整个损失可达数千亿美元。

不仅如此，由于放射性烟尘的扩散，整个欧洲也都被笼罩在核污染的阴霾中。由于邻近国家检测到超常的放射性尘埃，致使粮食、蔬菜、奶制品的生产都遭受了巨大的损失。

至于造成这起历史上最严重的核事故的原因，原苏联当局对外公布的调查报告认为，主要是机组操作人员违章所致。但在，1986年7月初的一次秘密会议上，调查委员会却指出，事故的根源在于核电站反应堆结构存在严重缺陷，并要求停止建设这种类型的核电站。切尔诺贝利核电站采用的是原苏联第二代大功率管道反应堆，这种反应堆技术陈旧，结构上有严重缺陷，一旦发生故障，易使石墨燃烧，熔化堆芯，再加上没有安全罩，极易发生放射性物质泄漏。因此，西方国家早就摒弃这种反应堆了。但原苏联却一直在建造使用，而且数量不少，以致事故频频。切尔诺贝利核电站共发生大小事故104次，其中只有35次是由于操作不当造成的，绝大多数是反应堆结构缺陷造成的，最终酿成了这场有史以来最大的核泄漏悲剧。

由于切尔诺贝利的核事故，原苏联许多有识之士纷纷要求不要再使用这类不安全的反应堆。1991年，俄罗斯科学院建议关闭这类不符合安全标准的核电站。乌克兰议会决定在1993年关闭切尔诺贝利核电站。然而，由于种种原因，这些核电站仍在运转，切尔诺贝利核电站的1号和2号机组也被重新启用。切尔诺贝利核电站的悲剧是否会重演，世人为之担心。

虽然核电是目前最新式、最"干净"，且单位成本最低的一种电力资源，但是一旦发生核泄漏事故也会给人类带来巨大的灾难。迄今为止，除了原苏联切尔诺贝利核泄漏事故以外，英国的塞拉菲尔核电站、美国的布朗斯菲尔德核电站和三喱岛核电站都发生过核泄漏事故。除此之外，在世界各海域还发生过多起核潜艇事故。这些散布在陆地、空中和沉睡在海底的核污染给人类和环境带来的危害远不是与报道的数字能够画上等号的，因为核辐射的潜伏期长达几十年。

2011年是切尔诺贝利核泄漏事故的25周年，当全世界都在为这起事故哀悼时，在日本，却又发生了同样的悲剧。唯一不同的是，日本的核事故是天灾而非人祸，但同样是一场巨大灾难。全世界人们都为切尔诺贝利核事故的遇难者和受害者表示哀悼，也为遭受日本核辐射的人们真诚地祈福，祈福他们能够尽早地走出核事故的阴霾。

核，这只潘多拉的魔盒，何时才能够永远安静地被封印起来，还世界一个健康而和平的生存环境！

思考与启示

按照辩证唯物主义的理论，物质基础决定上层建筑，所以人类社会的发展必然是由其所处的自然环境所决定的。工业文明的思想源泉——西方哲学思想，有的是唯心的，本末倒置；有的是机械的，将人与自然对立。由此带来各种严重的环境问题。其中既包括由于城市化与工业化所造成的水污染、固体废弃物污染、空气污染等，也包括令人震惊的20世纪的"八大环境公害事件"，以及一些新型的，诸如印度博帕尔毒气泄漏事件、原苏联切尔诺贝利核事件和瑞士莱茵河污染事件等重大污染事件。这些环境问题给人们敲响了警钟，它提醒人们：人类面临的最大问题是保护地球，如果我们不关注人类唯一的生命摇篮——地球的生态环境，就无异于用利刃割断人类的生命线。

第六章　全球环境问题 —— 星球全身性病症

20世纪后半叶以来，工业化带来的环境变化，已逐渐从地区性问题发展成波及世界各国的全球性问题。环境问题呈现出地域上扩张和程度上恶化的趋势。随着污染程度的加深、污染影响范围的扩大和各种污染之间交叉复合，环境问题已由区域上升为全球。

本章采用拟人的手法，借助医学上对患者全身性病症的分类，对各种全球性的环境问题逐一进行介绍。

> ### 诊断书
>
> 星球名：地球
>
> 年　龄：46亿年
>
> 出生地：太阳系
>
> 星系籍：银河系
>
> 诊断时间：2012-12-21
>
> 主　诉：作为刚步入中年期的行星，患者觉得自己在最近这几百年中衰老的速度不断加快，生活质量更是不断下降。主要症状有：常常出现排尿、排便不顺畅的现象，同时伴有长期的高烧、皮肤炎症及困乏无力感等。
>
> 诊断结果：根据各类检查所得到的结果，初步确定患者患有以下6种主要病症：
>
> 1. 酸中毒 —— 酸雨
>
> 2. 肺功能衰竭 —— 森林破坏
>
> 3. 黑色素瘤 —— 臭氧层破坏
>
> 4. 发热 —— 温室气体的排放与全球气候变暖
>
> 5. 多种微量元素缺乏 —— 生物多样性的减少
>
> 6. 骨质疏松 —— 荒漠化

第一节 病症一：酸中毒——酸雨

当人体血液和组织中酸性物质的堆积时，会产生酸中毒病症。当空气和降雨中酸性物质增加时，则会形成酸雨，对环境造成污染和危害。本节以人体的酸中毒来比喻全球性的酸雨问题。酸雨是工业高度发展而出现的副产物。1872年英国科学家史密斯分析了伦敦市雨水成分，发现它呈酸性，于是史密斯最先在他的著作《空气和降雨：化学气候学的开端》中提出"酸雨"这一专有名词。如今，酸雨已成为全球性的环境问题。

酸中毒：在病理情况下，当体内碳酸氢盐减少或碳酸增多时，均可使两者比值减少，引起血液的 pH 值降低，称为酸中毒。体内血液和组织中酸性物质的堆积，其特点是血液中氢离子浓度上升、pH 值下降。

酸雨：酸雨通常指 pH 低于 5.6 的降水，但现在泛指酸性物质以湿沉降或干沉降的形式从大气转移到地面上。湿沉降是指酸性物质以雨、雪形式降落地面；干沉降是指酸性颗粒物以重力沉降、微粒碰撞和气体吸附等形式由大气转移到地面。

主要病因：矿物燃料的燃烧和硫化铁矿石的熔炼是二氧化硫的主要来源。矿物燃料的燃烧还使氮氧化而形成二氧化氮。这些氧化物被释放进大气后，通过一系列复杂的过程，变成了硫酸和硝酸，于是将大气异乎寻常地酸化。正常的降雨略微呈酸性，反映了降雨中存在着大气中自然呈现的二氧化碳所形成的碳酸。但是，作为工业化的结果，大气中二氧化硫和氮氧化物的大量增加造成的降雨比正常含量酸多得多。

造成危害：

1. 腐蚀建筑物

波兰著名的历史古城之一克拉科夫由于卡托维兹工业区的酸性气体释放而遭受严重的损害。而法国北部，如兰斯、博韦、图尔和奥尔良的大教堂都因同样的原因受到严重损害。

2. 对于河流湖泊生态系统的破坏

最严重的一点是在 pH 低值上有害金属的高度集中，尤其是作为氢氧化铝的铝会集中于鱼的鳃，减少了鱼的氧吸入，导致鱼体内盐含量的严重失衡。在水中，pH 值为 5.5 时，鲑鱼受到影响，而软体动物类则很少受影响；pH 值为 5.0～5.5

时，鱼卵受到严重影响；而 pH 值 4.5 时，植物都受到严重影响。溪流和池塘的野生动物所遇到的问题之一是：它们不是处于正常的酸性程度中，而是由于大量降雨和春天积雪的融化，而常常处在非常酸的环境中。

全球影响：

酸雨问题首先出现在欧洲和北美洲，后来又出现在亚太和拉丁美洲的部分地区。欧洲和北美开始采取防止酸雨跨界污染的国际行动。在东亚地区，酸雨的跨界污染已成为一个敏感的外交问题。

欧洲是世界上一大酸雨区。主要排放源来自西北欧和中欧的一些国家。这些国家排出的二氧化硫，相当一部分传输到了其他国家。受影响最大的是工业化和人口密集的地区，即从波兰、捷克经比利时、荷兰、卢森堡到英国和北欧，其酸性沉降负荷高于欧洲极限负荷值，其中中欧部分地区超过生态系统的极限承载水平。

美国和加拿大东部也是一大酸雨区。美国是世界上能源消费量最多的国家，消费了全世界近 1/4 的能源，每年燃烧矿物燃料排出的二氧化硫和氮氧化物也占世界首位。从美国中西部和加拿大中部工业心脏地带污染源排放的污染物，定期落在美国东北部和加拿大东南部的农村及开发相对较少或较为原始的地区，其中加拿大 1/2 的酸雨来自美国。

亚洲是二氧化硫排放量增长较快的地区，主要集中在东亚，其中中国南方是酸雨最严重的地区，成为世界上又一大酸雨区。

治疗方案：

直到 20 世纪 80 年代，距酸雨首次发现大约 130 年后，人们才采取了一定的措施，试图减少二氧化硫的排放。阻止跨国污染的行动准则被 1972 年的联合国环境会议和 1977 年的经济合作与发展组织报告接受，并在 1979 年签署为国际协定，但直到 1985 年才被批准。在 1984 年之前，世界各国一直没有采取有效行动，直到一些工业化国家组成了"30% 俱乐部"，它们同意到 1993 年二氧化硫的排放量比 1980 年下降 30%。其中奥地利、瑞士和法国还比规定做得好，到 1980 年已降低了超过 50%。尽管这些措施可缓解地区性问题，但从全球角度看，这些效果还微乎其微。

第二节　病症二：肺功能衰竭 —— 森林破坏

森林被称为地球之肺。如果人体发生肺功能衰竭会导致呼吸功能严重障碍，

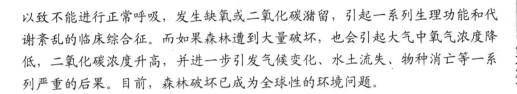

以致不能进行正常呼吸，发生缺氧或二氧化碳潴留，引起一系列生理功能和代谢紊乱的临床综合征。而如果森林遭到大量破坏，也会引起大气中氧气浓度降低，二氧化碳浓度升高，并进一步引发气候变化、水土流失、物种消亡等一系列严重的后果。目前，森林破坏已成为全球性的环境问题。

肺功能衰竭：由于大面积肺泡Ⅰ型细胞死亡而造成的肺功能下降叫做肺功能衰竭。

森林破坏：森林由于环境因素与人为因素的影响而大量消逝。

主要病因：

1. 大气中污染因子联合作用

工业危险化学品、杀虫剂和人工肥料、机动车尾气……各类污染因子如滚雪球般携带着原有的污染因子（如二氧化硫和酸雨）接踵而来，使所有这些污染因子中任何一种的单项危害性都在增加。这对北美和欧洲的许多森林产生的显而易见的危害。这些森林受到大气中污染因子——酸雨、重金属沉降、氮氧化合物和臭氧（来自机动车尾气）及各种有毒化学品的严重影响。其影响树木的复杂方式体现为一组众所周知的化学品——氯碳化合物，包括四氯乙烯（一种干燥清洁液体）和三氯乙烯（一种润滑剂）。1960年后的20年中，氯碳化合物的产能增加了2.5倍，这些产品大约70%已经被释放到大气中。它们会在松树的针叶上落脚，毁掉松树光合作用所必需的色素。四氯乙烯还与臭氧和紫外线发生反应，形成三氯乙醛酸（TCA），这是高强度的除草剂。研究显示：德国一些3年以上的松树其针叶TCA含量比直接将TCA当杀虫剂喷洒在树上还要高5倍，而结果是通常可活12年左右的针叶树大约3年后就枯死。

2. 人为砍伐

亚马孙雨林是世界上最大的热带雨林区，约占地球上热带雨林总面积的50%，面积达700万平方千米，其中有480万平方千米在巴西境内。这里自然资源丰富，物种繁多，生态环境纷繁复杂，生物多样性保存完好，被誉为"生物科学家的天堂"。然而，亚马孙热带雨林却因为它的富有而得到人类的"厚爱"。人们早在16世纪时就开始开发森林，其开发力度越来越大，甚至变成了滥砍乱伐。1970年，巴西总统为了解决东北部的贫困问题，又做了一个最可悲的决策：开发亚马孙地区。这一决策使该地区每年约有8万平方千米的原始森林遭到破坏。据统计，1969～1975年，巴西中西部和亚马孙地区的森林被毁掉了11万多平方千米，巴西的森林面积同400年前相比，整整减少了50%。

全球影响：

热带雨林的减少不仅意味着森林资源的减少，而且意味着全球范围内的环境恶化。因为森林具有涵养水源、调节气候、消减污染及保持生物多样性的功能。

热带雨林像一个巨大的吞吐机，每年吞噬全球排放的大量的二氧化碳，又制造大量的氧气，亚马孙热带雨林由此被誉为"地球之肺"。如果亚马孙热带雨林被砍伐殆尽，地球上维持人类生存的氧气将减少 1/3。

热带雨林又像一个巨大的抽水机，从土壤中吸取大量的水分，再通过蒸腾作用，把水分散发到空气中。另外，森林土壤有良好的渗透性，能吸收和滞留大量的降水。亚马孙热带雨林贮蓄的淡水约占地表淡水总量的 23%。森林的过度砍伐会使土壤侵蚀、土质沙化，引起水土流失。

除此之外，森林还是巨大的基因库，地球上约 1000 万个物种中，有 200 万～400 万种都生存于热带、亚热带森林中。在亚马孙河流域的仅 0.08 平方千米的取样地块上，就可以得到 4.2 万个昆虫种类，亚马孙热带雨林中每平方千米不同种类的植物达 1200 种之多，地球上 1/5 的动植物都生长在那里。

然而由于热带雨林的砍伐，那里每天都至少消失 1 个物种。有人预测，随着热带雨林的减少，若干年后，至少将有 50 万～80 万种动植物物种灭绝。雨林基因库的丧失将成为人类最大的损失之一。

作为地球绿色之肺的森林被破坏，将对人类的发展带来难以估量的影响。倘若一个人的肺部病变，他的健康会大大折扣。同理，森林被过度砍伐，人类的可持续发展就成了一纸空文。历史上的楼兰、美索不达米亚平原、玛雅等地区，都是因为对森林资源的过度破坏而逐渐走上消亡之路的。诚然，现在人类的科技已经远比古人发达，但也不能掉以轻心，毕竟人类的发展需要建立在"绿色之肺"持续健康运作的基础之上。

治疗方案：

停止滥砍乱伐，加大植树造林力度。

第三节 病症三：黑色素瘤 —— 臭氧层破坏

人体如果由于受到过度的紫外线照射，会引发黑色素瘤。而地球上如果由于臭氧层被破坏而导致紫外线照射过量，也会引起人类健康和生态环境的严重问题。臭氧层作为地球生命的保护层，遭到了氟利昂等人工合成物质的破坏。

臭氧层破坏作为一种全球性环境问题，已经受到了世界的关注。

黑色素瘤：皮肤、黏膜、眼和中枢神经系统色素沉着区域的黑素细胞的恶性肿瘤。过度的紫外线照射是导致黑色素瘤的最主要的危险因素。

臭氧层破坏：臭氧层空洞于 1982 年首次被发现。1985 年，英国科学家观测到南极上空出现臭氧层空洞，并证实其同氟利昂分解产生的氯原子有直接关系。到 1994 年，人们首次观察到了迄今为止最大的臭氧空洞，它的面积相当于整个欧洲。

主要病因：

臭氧是氧气的一种异构体，在大气中的含量仅占一亿分之一，其浓度因海拔高度而异。臭氧层可以说是地球的保护层，它主要围绕在地球外部离地面 20 ~ 25 千米高度的地方，起到吸收太阳紫外线中对生物有害部分的作用。臭氧层在平流层的垂直分布对平流层的温度结构和大气运动起着决定性的作用，发挥着调节气候的重要功能。

氯氟碳化合物或氟利昂是破坏臭氧层的"杀手"。这些物质非常稳定，在大气中可存留长达 100 年。当它们中的大部分逐渐上升到平流层后，在强烈的紫外线作用下分解释放出的氯原子，氯原子和臭氧发生连锁反应，破坏臭氧层。据科学家估计，1 个氯原子就可破坏多达 10 万个臭氧分子。

全球影响：

南极上空的臭氧层是在 20 亿年的漫长岁月中形成的，可是仅在一个世纪里就被破坏了 60%。臭氧层破坏的后果是严重的。如果平流层的臭氧总量减少 1%，预计到达地面的紫外线将增加 2%。有害紫外线的增加，会产生以下一些危害：

1. 使皮肤癌和白内障患者增加，损坏人的免疫力，使传染病的发病率上升。据估计，臭氧减少 1%，皮肤癌的发病率将提高 2% ~ 4%，白内障患者将增加 0.3% ~ 0.6%。一些初步的证据表明，人体暴露于紫外线辐射强度增加的环境中，会使各种肤色的人的免疫系统受到抑制。

2. 破坏水体生态系统。对农作物的研究表明，过量的紫外线辐射会使植物的生长和光合作用受到抑制，导致农作物减产，也会使处于食物链底层的浮游生物的生产力下降，从而损害整个水体生态系统。有报告指出，由于臭氧层空洞的出现，南极海域的藻类生长已受到很大影响。此外，紫外线辐射还可能导致某些生物物种的基因突变。

3. 引起新的环境问题。过量的紫外线照射可使塑料等高分子材料更加容易老化和分解，带来光化学大气污染。

作为人类的天然保护屏障 —— 臭氧层空洞的问题如果持续恶化，人类的健康将遭到严重的挑战，人类的发展也将难以为继。

治疗方案：

20 世纪 70 年代初环境保护组织曾指出使用氟利昂的危险性，但工业利益代表者否认氟利昂与臭氧层有任何联系，各国政府也没能采取措施。

80 年代初，随着来自各方的压力激增，加上南极上空确凿的臭氧层空洞，各国政府才开始采取措施。

1978 年，美国政府禁止在喷雾器罐中使用氟利昂，其他一些国家也遵循这种做法，但直到 1987 年的《蒙特利尔议定书》国际社会才采取积极行动。但这是发达国家之间的一项脆弱协定，即允许氟利昂在 1986 年的生产量基础上增加 10%（实际上用于向第三世界出售），到 1994 年消减 20%，到 1999 年总共消减 30%。

1990 年，公众日渐意识到该问题的严重程度，迫使各国政府在伦敦召开会议。这次会议形成全世界的协定：到 1995 年减少氟利昂释放 50%，到 1997 年减少 85%，到 2000 年完全停止使用。德国、瑞典等国家宣布计划到 90 年代初停止氟利昂的生产。

但是，由于氟利昂的高度稳定性和长期寿命，任何重大效益的取得都需要到 21 世纪。尽管 20 世纪 80 年代氟利昂的释放开始减少，但大气中的存量仍在增加。加上两种主要的氟利昂替代品也有一些破坏性，所以，对臭氧层的破坏可能会一直持续到 21 世纪的后半期。同其他因素一起对脆弱的生态系统造成还未发现的致命后果，并继续对人类健康构成威胁。

目前，最早使用氟利昂的 24 个发达国家已于 1985 年和 1987 年分别签署了限制使用氟利昂的《维也纳公约》和《蒙特利尔议定书》。我国于 1992 年签署了《蒙特利尔议定书》。1993 年 2 月，我国政府批准了《中国消耗臭氧层物质逐步淘汰方案》，确定在 2010 年完全淘汰消耗臭氧层物质。

1995 年 1 月 23 日，联合国大会通过决议，为纪念 1987 年 9 月 16 日签署的《蒙特利尔议定书》，把每年的 9 月 16 日定为"国际保护臭氧层日"。

第四节　病症四：发热 —— 温室气体排放和全球气候变暖

当人体发生某些疾病时，会出现发热的症状。类似的，如果地球上温室气体排放过量，也会引发全球气候变暖。目前，全球气候变暖的趋势越来越明显，要解决这一问题，同样需要世界各国的共同努力。

发热：由于致热原的作用使体温调定点上移而引起的调节性体温升高（超过0.5℃），称为发热。

温室效应：大气中有一些气体，如二氧化碳、一氧化碳、水蒸气、甲烷、氟利昂等对来自太阳的短波辐射具有很高的透过性，对地球发射出来的长波辐射具有很高的吸收性，只有很少的热辐射能散失到宇宙中去，从而造成近地层增温。我们称这些气体为温室气体，把这种增温现象称为"温室效应"。温室效应将地球置于一个巨大的温室中，于是高烧发热不可避免。

全球气候变暖：由温室效应引起的全球性气温上升现象。

主要病因：

由于工业革命以来，煤炭、石油等化石能源的大量开采和使用，使得排放到大气中的二氧化碳量大大增加，导致近100年里大气中的二氧化碳浓度上升了30%。在最近的数十年中，人类活动更是极大地增加了现有的温室气体——二氧化碳、甲烷和氮氧化物，并以氟利昂的形式增加了新的温室气体。

这些温室气体，足以使温室效应从维持生命至关重要的机制，变成地球上也许最具威胁的环境问题——全球气候变暖。

全球气候变暖的"四宗罪"：

1. 海平面上升

全球气候变暖会使冰川融化，海平面升高，侵蚀沿海陆地，引起海水倒灌。据推算，如果海平面上升1米，位于尼罗河口的埃及就会有约500万人的生活受到影响，一些珊瑚岛国也会随着海平面的上升处于全岛覆没的危险之中。干旱地区将更加干旱，多雨地区将洪水泛滥成灾。

2. 影响农业和自然生态系统

异常天气给很多国家的粮食生产、水资源和能源带来了严重影响，因旱涝灾害造成的经济损失极为严重。随着二氧化碳浓度增加和气候变暖，可能会增加植物的光合作用，延长生长季节，使世界一些温度较低的地区更加适合农业耕作。但全球气温和降雨形态的迅速变化，也可能使一些地区的农业和自然生态系统难以很快适应这种变化，从而遭受灾害性影响，造成较大范围的森林植被破坏和农业灾害。

3. 厄尔尼诺现象及其他气象灾害

"厄尔尼诺"一词源于西班牙语，意思为"圣婴"，即圣诞节时诞生的男孩。

厄尔尼诺现象已有几千年的历史了，但是自19世纪初才开始有记载。现在所说的"厄尔尼诺现象"，是指每隔数年发生一次的海水增温现象向西扩展，整个赤道东太平洋海面温度异常增高的现象。

厄尔尼诺现象一般每隔2～7年出现一次。但是，进入20世纪90年代后，这种现象却出现得越来越频繁了。不仅如此，随周期缩短而来的，是厄尔尼诺现象滞留时间的延长。这一现象引起了科学家的注意，虽然对厄尔尼诺现象的探索还在进行中，但科学家们普遍认为，厄尔尼诺现象的频发与全球气候变暖有关。

4. 影响人类健康

全球气候变暖有可能增加疾病危险，特别是传染病的流行。高温会给人类的循环系统增加负担，热浪会引起死亡率的上升。随着温度升高，可能使许多国家疟疾、淋巴腺丝虫病、血吸虫病、黑热病、登革热、传染性脑炎等疾病多发。

治疗方案：

全球气候变暖将引起严重的经济、社会和政治问题。人类社会以前也从未面临过这样规模和复杂的环境问题。因为温室气体的增加量与工业产出、能源消耗和其他因素如汽车拥有量如此紧密相关，所以减少排放问题实质上是涉及工业化社会的未来及其能源和资源消费性质的问题。对于政治上、结构上甚至心理上明显依附于经济增长和高消费水平的社会而言，这一特定形式的污染展示了根本性的挑战。要解决这一污染问题，各国已经提出了促进世界各国之间的平等以及经济进一步扩展的各自承诺的问题。

1997年12月，《联合国气候变化框架公约》（简称《公约》）第三次缔约方大会在日本京都举行。149个国家和地区代表通过了旨在限制世界各国，特别是发达国家碳氧化物的排放量的《京都议定书》，规定各国在2008～2012年要将温室气体的排放总量在1990年的基础上削减5.2%；发达国家中的"三巨头"——欧盟、美国、日本应带头削减导致温室效应气体的排放量；同时，议定书也规定了发达国家要从资金和技术上帮助发展中国家实施减少温室气体排放的工程。2005年2月16日，《京都议定书》正式生效。

美国人口仅占全球人口的3%～4%，而排放的二氧化碳却占全球排放总量的25%以上，为全球温室气体排放量最大的国家。美国曾于1998年签署了《京都议定书》。但2001年3月，布什政府以"减少温室气体排放将会影响美国经济发展"和"发展中国家也应该承担减排和限排温室气体的义务"为借口，宣布拒绝批准《京都议定书》。

2007年12月，在印度尼西亚的巴厘岛召开了联合国气候变化大会，大会审议通过了联合国政府间气候变化专业委员会（IPCC）第四次评估报告，呼吁全世界积极行动起来应对气候变化。会上，澳大利亚宣布批准《京都议定书》，这使美国成为目前唯一一个拒绝批准《京都议定书》的工业化国家。与会各方经过激烈的讨论和磋商，最后达成了一项新的具有里程碑意义的决议即"巴厘岛路线图"，对2012年《京都议定书》到期后国际社会实施温室气体减排的谈判进程做出了框架安排。"巴厘岛路线图"规定所有国家在2009年底之前必须完成《公约》框架下的谈判进程。"巴厘岛路线图"首次成功地将美国纳入了《公约》框架下的国际谈判进程当中，要求所有发达国家都必须履行"可测量、可报告、可核查"的温室气体减排责任，同时要求发展中国家在可持续发展和发达国家提供技术和资金支持的条件下采取相应的减排行动。这是一个巨大的进步。

2009年12月7～18日，在丹麦首都哥本哈根召开了《联合国气候变化框架公约》缔约方第15次会议暨《京都议定书》第五次缔约国会议（简称哥本哈根气候峰会），从12月7日起，192个国家的环境部长和其他官员们赶赴哥本哈根，商讨《京都议定书》一期承诺到期后的后续方案，就未来应对气候变化的全球行动签署新的协议。这一为期两周的气候大会被喻为"拯救人类的最后一次机会"的会议。然而，直到18日晚与会各国仍未达成任何协议。12月19日下午，延期一天的哥本哈根气候峰会却在一片失望声中落下了帷幕。大会最终形成的是不具法律约束力的《哥本哈根协议》，内容主要包括：全球升温幅度控制在2℃内，设立发达国家强制减排指标，发展中国家展开自主减排行动。此外，还规定发达国家于2010～2012年向发展中国家每年提供100亿美元的资金援助，至2020年每年提供1000亿美元的资金援助。

如何有效遏制温室气体的排放，至今仍是全球范围内的一个重大难题，哥本哈根会议无果而终，使得笼罩在人们心头上的阴云又加厚了一层。人类不能作茧自缚，环境与发展息息相关，环境问题不解决好，人类的未来就不会明朗。

第五节　病症五：多种微量元素缺乏 —— 生物多样性的减少

人体内含有60多种元素，其中有很多是与人体健康和生命密切相关的必需的微量元素，一旦缺少了这些微量元素，人体就会出现疾病，甚至危及生命。相似的，地球上生态系统的健康与否有赖于物种的丰富和生物多样性。由于工业化与城市化、环境污染等原因，目前地球上的生物多样性正在快速减少，已成为全球性的生态环境问题。

多种微量元素缺乏：微量元素虽然在人体内的含量不多，但与人的生存和健康息息相关。微量元素有其特殊的生理作用，与生命活力密切相关，尽管它们在人体中的含量极少，但对维持人体中一些决定性的新陈代谢却是十分必要的。微量元素摄入过量、不足、不平衡或缺乏都会不同程度地引起人体生理的异常或发生疾病，仅仅像火柴头那样大小或更少的量就能发挥强大的生理作用。

生物多样性：生物多样性是指一定范围内多种多样化的有机体（动物、植物、微生物）有规律地结合所构成稳定的生态综合体。这种多样性包括动物、植物、微生物的物种多样性，物种的遗传与变异的多样性，以及生态系统的多样性。其中，物种的多样性是生物多样性的关键，它既体现了生物之间及环境之间的复杂关系，又体现了生物资源的丰富性。

主要症状：

1. 珊瑚白化

提到热带海洋，很多人想到的就是色彩斑斓的珊瑚礁以及生活在珊瑚礁内的各种漂亮的海洋生物。不过，近几年珊瑚礁掀起了一阵"银发"浪潮——珊瑚白化。众多以珊瑚礁闻名的旅游景点，如位于澳大利亚东岸的大堡礁等，都不同程度地受到珊瑚白化现象的影响。研究报告警告称：大堡礁珊瑚白化的现象以后每年都会发生，到2030年，大堡礁珊瑚将濒临灭绝。

那么珊瑚白化到底是怎么回事呢？正常状态下，珊瑚之所以呈现出不同的颜色，主要是与其共生的藻类的功劳。除了让珊瑚变得漂亮，这些共生的藻类还会通过光合作用制造出它们自身及宿主珊瑚虫生存所需要的养料。当海水环境发生变化时，尤其是当水体温度过高或者太阳辐射过强时，珊瑚虫会把这些共生的藻类排到体外。其结果就是珊瑚变成其自身的白色，并且丧失了营养的来源。如果外界的环境变化持续时间不长，在恢复到原来的环境条件后，珊瑚内部的共生藻类数量会再次增加，珊瑚也会随之恢复五颜六色的样子。

能够导致珊瑚白化的原因有很多，比如：温度升高、太阳辐射强度增加、海水化学性质的变化、海水透明度减弱等。在众多原因中，最主要的是与人类活动有关，也是最重要的可导致大范围珊瑚白化的原因是全球气候变暖，这一人类近几十年来最关注的环境问题。

2. 熊猫之困

1974~1976年，是大熊猫生活史中的饥饿年代。中国林业部的调查组曾在

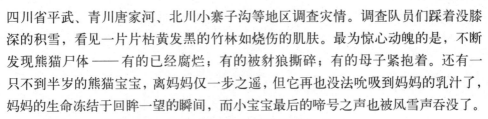

四川省平武、青川唐家河、北川小寨子沟等地区调查灾情。调查队员们踩着没膝深的积雪，看见一片片枯黄发黑的竹林如烧伤的肌肤。最为惊心动魄的是，不断发现熊猫尸体——有的已经腐烂；有的被豺狼撕碎；有的母子紧抱着。还有一只不到半岁的熊猫宝宝，离妈妈仅一步之遥，但它再也没法吮吸到妈妈的乳汁了，妈妈的生命冻结于回眸一望的瞬间，而小宝宝最后的啼号之声也被风雪声吞没了。

森林默哀，山风低泣。坚强的调查队员们都流泪了。

一个苦涩的数字和着热泪一齐咽下——138只熊猫陈尸山林！

调查队的兽医连续解剖了13只熊猫尸体，个个胃腔空无一物，肠子透明发亮，可见其饥饿到何等程度！

与此同时，各地不断将病、饿大熊猫送到成都动物园抢救，最多时达到40多只。那时，成都动物园刚从百花潭搬迁到佛教大庙昭觉寺，一切没有理顺，熊猫的笼子挤向了熊山，挤向猩猩馆，甚至挤向了大殿……

没有一只熊猫不是皮包骨头的，有的虚弱得连啃食物的力气都没有了。没有一只熊猫体内不生蛔虫的，有一只熊猫体内竟有3000多条蛔虫！

可喜的是爱心与使命感数次战胜了纠缠大熊猫的死神，送到成都动物园的熊猫90%获救。

据专家们估算，从恐龙灭绝以来，当前地球上生物多样性损失的速度比历史上任何时候都快。1600～1950年，已知鸟类和哺乳动物的灭绝速度增加了4倍，约有113种鸟类和83种哺乳动物已经永远消失了。20世纪90年代初，联合国环境规划署首次评估生物多样性的结论是：在可以预见的未来，5%～20%的动物、植物种群可能受到灭绝的威胁。

主要病因：

生物多样性减少有多种原因。从生态系统类型看，最大规模的物种灭绝发生在热带雨林，其中包括许多人们尚未调查和命名的物种。热带雨林占地球物种的50%以上。据预测，按照每年砍伐森林1700平方千米的速度，5%～10%的热带雨林物种可能面临灭绝。

物种灭绝或濒临灭绝、生物多样性不断减少，是人类各种活动造成的，主要原因包括：

1.大面积森林被采伐、火烧和开垦，草原过度放牧和垦殖，导致生态环境恶化，对野生物种造成毁灭性影响；

2.大面积湿地的消失，使许多种类的生物失去栖息地；

3.对动物捕猎和植物的采集等活动过度，使野生物种难以正常进行繁衍；

4.工业化和城市化的发展，占据了大面积的土地，破坏了大量天然植被，并造成环境污染；

5.外来物种的大量引入或侵入，影响、改变了原有的生态系统，使原生物种受到严重的威胁；

6.无节制的旅游，使一些尚未受到人类影响的自然生态系统遭到破坏；

7.土壤、水和空气污染，既危害了森林，又对相对封闭的水生生态系统带来毁灭性影响；

8.全球气候变暖，导致气候形态在比较短的时间内发生较大变化，使自然生态系统难以适应，可能会改变生物群落的边界。

尤其严重的是，各种破坏和干扰会累积和叠加，将会对生物物种造成更为严重的影响。

全球影响：

对于人类来说，生物多样性具有直接使用价值、间接使用价值和潜在使用价值。

1.直接使用价值：生物为人类提供了食物、纤维、建筑和家具材料及其他工业原料。生物多样性还有美学价值，可以陶冶人们的情操，美化人们的生活。如果大千世界里没有色彩纷呈的植物和神态各异的动物，人们的旅游和休憩也就索然无味了。正是雄伟秀丽的名山大川与五颜六色的花、鸟、鱼、虫相映衬，才构成令人赏心悦目、流连忘返的美景。另外，生物多样性还能激发人们文学艺术创作的灵感。

2.间接使用价值：间接使用价值指生物多样性具有重要的生态功能。无论哪一种生态系统，野生生物都是其中不可缺少的组成部分。在生态系统中，野生生物之间具有相互依存和相互制约的关系，它们共同维系着生态系统的结构和功能。野生生物一旦减少了，生态系统的稳定性就会遭到破坏，人类的生存环境也就要受到影响。

3.潜在使用价值：就药用来说，发展中国家80%的人口依赖植物或动物提供的传统药物，以保证基本的健康。例如，据调查，中药使用的植物药材达1万种以上，西药中使用的药物中有40%含有最初在野生植物中发现的物质。野生生物种类繁多，人类对它们已经做过比较充分研究的只是极少数，大量野生生物的使用价值目前还不清楚。但是可以肯定，这些野生生物具有巨大的潜在使用价值。一种野生生物一旦从地球上消失就无法再生，它的各种潜在使用价值也就不复存在了。因此，对于目前尚不清楚其潜在使用价值的野生生物，同样应当珍惜和保护。

人类的发展不能是单一的发展，这是自私的，也违背了可持续发展的原则。人类的发展应该是偕同其他生物的共同发展，同呼吸、共命运，只有保持生物多样性，地球才能青春常驻，人类才会拥有更加灿烂辉煌的明天。

诊断方案：

一是就地保护，大多是建立自然保护区，例如卧龙大熊猫自然保护区等；二是迁地保护，大多转移到动物园或植物园，例如，将水杉种子带到南京的中山陵植物园种植等；三是开展生物多样性保护的科学研究，制定生物多样性保护的法律和政策；四是开展生物多样性保护方面的宣传和教育。其中最重要的是就地保护，可以免去人力、物力和财力，对人和自然都有好处。就地保护可利用原生态的环境使被保护的生物能够更好地生存，不用再花时间去适应环境，能够保证动物和植物原有的特性。

第六节　病症六：骨质疏松 —— 荒漠化

人体由于矿物质的流失而发生骨质疏松，会发生疼痛、骨骼变形，甚至骨折等严重危害人体健康的疾病。而土地如果由于大风吹蚀、流水侵蚀、土壤盐渍化等造成的土壤生产力下降或丧失就会形成荒漠化，也会产生灾难性的后果。当前，世界范围内的土地荒漠化现象非常严重，成为全球性的环境问题。

骨质疏松：这是一种钙质由骨骼往血液净移动的矿物质流失现象引起的，骨质量减少、骨骼内孔隙增大呈现中空疏松现象的症状。骨质疏松症的表面症状为骨质流失和骨组织破坏，从而导致骨质变得脆弱，大大增加骨折的可能性。

荒漠化：由气候变化、人类活动及两者共同作用所引起的荒漠环境向干旱或半干旱地区延伸或侵入的过程。荒漠化使得地球的地表环境愈发脆弱。

主要病因：

产生荒漠化的原因有自然因素和人为因素。

自然因素包括干旱（基本条件）、地表松散物质（物质基础）、大风吹扬（动力）等；人为因素既包括来自人口激增对环境的压力，又包括过度采伐、过度放牧、过度开垦、矿产资源的不合理开发，以及水资源不合理利用等人类的不当活动。

人为因素和自然因素综合地作用于脆弱的生态环境，造成植被破坏，荒漠化现象开始出现和发展。荒漠化程度及其在空间扩展受干旱程度和人、畜对土地压力强度的影响。荒漠化也存在着逆转和自我恢复的可能性，这种可能性的大小及荒漠化逆转时间进程的长短受不同的自然条件（特别是水分条件）、地表情况和人为活动强度的影响。

全球影响：

荒漠化是一个世界性的生态环境问题。据联合国环境规划署统计，全球已经受到和预计会受到荒漠化影响的地区占全球土地面积的35%。荒漠和荒漠化土地在非洲占土地面积的55%，在北美洲和中美洲占19%，在南美洲占10%，在亚洲占34%，在澳大利亚占75%，在欧洲占2%。荒漠和荒漠化土地在干旱地区和半干旱地区占土地面积的95%，在半湿润地区占土地面积的28%。世界平均每年约有5万~7万平方千米土地荒漠化，以热带稀树草原和温带半干旱草原地区发展最为迅速。半个世纪以来，非洲撒哈拉沙漠南部荒漠化土地扩大了65万平方千米，撒哈拉地区已成为世界上最严重的荒漠化地区。

全球性的荒漠化现象无疑是人类社会发展给生态环境带来的远期效果。人口增长与过度放牧、过度耕种给原本就十分脆弱的生态环境带来了毁灭性的灾难。人口激增驱使人们扩大耕种面积，农田面积的增加使牧场面积更加减少，而畜牧量却有增无减，只能进一步扩大放牧范围。这种连锁式的人类活动使原本多样性的植被被破坏，持续的单一农作物耕种使土地的肥力下降，土壤表层板结。土地失去了调节气候的功能，风蚀和水蚀带来水土流失和干旱，最终逐渐演变成一场持续的灾难。

治疗方案：

荒漠化的治理是一项复杂的系统工程，涉及生态、经济、社会等多方面的问题，不可能一蹴而就，因此，在防治中必须把握好经济效益、生态效益和社会效益相兼顾，因地制宜，做到长远规划、科学规划。

防治荒漠化主要对策包括：（1）植树造林，防沙防风；（2）土壤保护；（3）水资源的开发与管理；（4）能源资源的开发与管理；（5）粮食生产；（6）植被的保护与恢复；（7）改善畜牧业经营；（8）治理社会经济环境，等等。在治理过程中应该注意的问题包括：（1）荒漠化信息的收集（地区、面积、程度等）；（2）气象、土壤基础资料的收集、分析与信息网络的加强；（3）卫星遥感数据收集和实地调查监测的长期对应与评价；（4）对滥垦、滥伐、过牧、滥用水资源界限值的定量化及其评价；（5）家畜适当饲养头数；（6）适地、适宜技术的选择、普及和开发；（7）生物多样性的维护，特别是野生物种的保护；（8）荒漠化与大、中、小、微气候的相关评价；（9）掌握飞沙与沙丘移动速度、量与气象环境的关系；（10）开发替代能源和技术普及；（11）给予经济和技术上的支援；（12）人才培养。

思考与启示

　　全球环境问题是整个地球在人类无节制的开发和过度活动影响之下发生的系统性病变的表现。环境的恶化使人类失去了洁净的空气、水和土壤，破坏了自然环境固有的结构和状态，干扰和破坏了生态系统中各要素之间的内在联系。可以毫不夸张地说，人类正前所未有地陷入环境问题的包围、困扰之中。

　　由于环境问题在地域上的扩展以及由此引起的各种污染的交叉复合，使得环境问题不仅在量上，而且在质上也发生了变化。温室效应、臭氧层破坏、生物多样性减少和酸雨等问题正是这种影响的表现。这说明环境问题已经在整个地球的范围内发生了，而这些问题如不能从根本上得到解决，则很可能会使人类文明面临灭顶之灾。事实上，环境问题已经危及着全人类的生存和发展。

　　因此解决环境问题必须依靠人类整体的清醒认识，以及在这种认识下全人类的联合行动。

第七章　构建和谐的人类环境与发展关系

在了解了从古至今、从中到外的人类环境与发展之间的关系史之后，如何解决环境与发展之间的矛盾必然成为大家所关心的问题。本章提出的观点是应该走可持续发展之路，构建人类环境与发展之间和谐的新型关系。

第一节　共有地的悲剧

美国加州大学盖瑞·哈定教授在《科学》杂志上，以《共有地的悲剧》为题，从经济学角度揭示了环境问题的本质。

我们经常可以从各种媒体上看到一些国家的居民在为环境问题而游行示威，其中最为投入的是一些社区的居民为反对某个有污染的或令人厌恶的设施而进行的抗议。在一些生活富裕的地区，人们开始更多地考虑到自身的环境与健康利益，一些公共设施，如加油站、变电所、垃圾处理场，以及污染性火力发电厂、核电站的建设，都难免要与当地居民发生激烈的冲突。在这些冲突中，虽然抗议的形式和对象各不相同，但所发出的呼声是一致的："不要在我家后院……"

这就是真实的人性反应，抗议者不仅是在呼吁保护环境，而且是在维护自己的环境权不受侵犯。换言之，所谓环境问题绝不仅仅是人与自然的关系，还必然涉及人与人的关系。在现实生活中，由于自然已经被资源化，由不同的人使用，使用者的价值取向、利益抉择不同，决定了对待自然的态度和方式也不同。因此，具体的人与自然的关系实质上是不同利益群体以自然和技术为中介的社会关系。

最能够体现人的自私的本性是人们对待公共资源的态度。每个人家里的水池都是非常干净的，至少是畅通的，可公共食堂的水池却几乎永远都是堵塞的。盖瑞·哈定教授将这种现象形象地称为"共有地的悲剧"。

1968 年，盖瑞·哈定教授就人口资源等问题撰写了一篇题为《共有地的悲剧》的论文，并发表在《科学》杂志上，该文深刻地阐明了由于外部性的存在和人们追求个人利益最大化而导致共有资源枯竭的问题。"共有地的悲剧是一个具有一般性结论的故事：当一个人使用共有资源时，他减少了其他人对这种资源的使用。由于存在这种负的外部性，共有资源往往被过度使用。"当今社会，资源的枯竭，环境质量的退化，与共有资源的非排他性和经济行为的负的外部性有着密切的联系。

"共有地的悲剧"最早可以追溯到中世纪的英国。那时，大多数村庄的边缘都有一片"共有地"，附近的村民都可以在这里放牧。如果他们能够明智地使用这些共有地，就可以逐渐增加自己的财富。但是，慢慢地，许多共有地都出现了过度放牧的现象，终遭毁坏。这里，我们可以假定一些数据对共有地放牧的获利进行计算，以说明此现象。

假想在一块共有地上，最高的牧养能力为100头牛，有10户村民在放牧，每户有8头牛。这时，每在共有地上多放牧一头牛，就可以增加村民的个人财富，而不会伤害到他人。经过一段时间后，我们可以假定，每户都有10头牛，大家从共有地上获得了最大的实利——假定为100个单位的财富。如果再增加牛的数量就会影响草的生长，对大家不利。但是，因为共有地没有人进行管理，人们仅从自己的立场进行盘算，他们只知道谁增加牛的数量，谁就可以多得一份利益，而只须分担公共利益中的一部分损害。哈定在《共有地的悲剧》中这样写道：

村民们的结论是，他们唯一合理的做法就是再加进一头牛，再加一头，再加一头……但这是每户村民所个别得出的结论。每个人都被锁入一个体系而被迫必须无限制地扩增自己放牧的牛的数量……在一个有限的世界里。每个人都急急忙忙地自取灭亡，每个人都在追求自己的最高利益，且相信这是共有地的自由。共有地上的自由会导致群体的败亡。

单纯想依靠技术手段来避免悲剧的发生，或消除悲剧是不可能的。因为，技术方法，如改良草种、增加施肥等措施，只能提高草场的"载畜量"，从而推迟"共有地的悲剧"发生的时间，但不能从根本上阻止"共有地的悲剧"的发生。

实际上，在人与自然，以及人与人的关系上，每天都在演绎着这样的悲剧：人们只能看到比自己家后院远不了多少的地方，把路边的大树放倒，往河里倾倒废物。环境的灾难也就是在这种有意或无意的对公共利益的侵犯中产生的：工厂为了节省费用，使用含硫量高的燃料，但释放出的二氧化硫却会造成酸雨，使1000千米以外的森林遭到毁灭；对热带雨林的过度砍伐，在给少数人带来暴利的同时，却使当地成为不毛之地，全球的气候也因此变得极不稳定。随着人口的增加，"共有地"的分配矛盾日益加剧。为了避免悲剧的发生，我们应该根据大家同意且互利的原则，来限制对公共资源的过量消费，从而使我们免于毁灭性的生态大灾难。

但出路何在呢？哈定为此提出另一个隐喻——刺轮效应。哈定认为，自然界本身存在一种调节机制，一旦某个种群过度使用自然资源，就会造成该族类的绝灭，使大自然恢复平衡。例如，当鹿的天敌——狼严重减少的时候，鹿的数量就会急剧增加，超过一定的自然负荷量以后，就会出现食物短缺，又使得鹿的数量减少，直到其自然增长率恢复到自然可承受的限度上下。人类也与此相类似，一旦某地区的人口数量超过当地的负荷，就会因粮食短缺而发生饥荒、疾病，甚至会为争夺资源而爆发战争，结果会使人口数量恢复到当地负荷量的规模。

哈定将他的伦理思想称为"救生艇"伦理。"共有地的悲剧"和"刺轮效应"这两个隐喻都是为了进一步阐述"救生艇"伦理而提出的。"救生艇"伦理描述了这样一种场景：世界如同一片大海，海上漂浮着少数几个救生艇（富国），四周围满了即将沉没的人（穷国的人民）。由于每一艘救生艇容量有限，只能救起少数即将溺水者，否则自身不保；而且，如果从安全的角度来讲，最适当的人数还应该略低于最大容量。哈定声称，当前富国正好拥有最恰当的人口数量，或许还稍微超过了一些，如果再负担起其他穷国的人民，就会伤害自己。因此，他认为富国应该严格控制移民，避免穷国人口蜂拥到富国这个不再有多余承载力的"救生艇"上，至于对穷国的支援，自然也在坚决反对之列。

"救生艇"伦理是一种新马尔萨斯理论，其荒谬性是毋庸置疑的。但它至少说明了一个事实：富国由于穷国的贫穷落后而获得了数不清的好处，富国不太愿意改变这一现状。从早期的殖民掠夺到现在的世界贸易不平等，富国就是通过与穷国的不平等交往，使世界贫富差距不断加大。在实际运作中，富国不仅以"救生艇"伦理作为对穷国袖手旁观的借口，还时常据此对少数支援对象提出许多政治、经济和文化上的附加条件。

对于穷国来说，"救生艇"伦理固然应该坚决反对，但人们也应该从中看到：天助自助者，当世界还是依据强者的逻辑运转时，人首先必须能够自助，才有可能寻求有意义的帮助。

是什么原因导致这样的悲剧上演？表面上看是由于草地的使用是免费的，放牛人可以"搭便车"。实际上，深层次原因是由于负外部性问题没有解决。即当一个家庭的牛在共有草地上吃草时，降低了其他家庭可以得到的草地数量，而每一个放牛人都有加大牛的数量的冲动——使个人利益最大化，并且不用考虑这种做法带来的负外部性——过度放牧。大自然恩赐的草地的数量的有限性使其难以承受牛的数量的不断扩张，必然导致"共有地的悲剧"的发生。形成共有地悲剧的原因是人们的行为具有负外部性，共有资源往往被使用过度。

从经济学的角度来看，环境属于"公共物品"——具有非排他性和非竞争性。

因为环境属于公共物品，所以人的理性行为很难在这里见到：人们不珍惜环境；生产者将污染的成本转嫁到社会，转移到环境这样的公共物品上；生产者的行为产生负的外部效应（也叫负外部性或外部不经济），即生产者的私人成本低于社会成本。

经济学中解决环境问题的办法：一是明晰产权，如在"共有地的悲剧"中，把土地分给家庭，使土地成为私人物品而不是公共物品，就可免于过度放牧；二是直接控制，禁止污染，取消污染单位，迁出污染工厂；三是间接控制，让污染的企业交税，以使"外部性内在化"（对污染所纳的税叫庇古税或纠偏税，庇古是英国剑桥大学的教授，福利经济学的创始人）；四是逼迫企业投资排污设施，达到标准，免交排污税；五是形成"污染权市场"，当企业被容许购买或出售政府颁发的容许一定污染的许可证时，称之为形成了污染权市场，允许企业买卖污染许可证，企业就可以选择是交排污税还是治理污染，选择治理污染，就可把污染许可证卖给别人。

第二节　生物圈二号

诺亚方舟是《圣经》中拯救人类于洪涝之中的神舟，现代的诺亚方舟则是人们对位于美国亚利桑那州的"生物圈二号"工程的美称。

"生物圈二号"的命名是相对于地球生物圈（生物圈一号）而言的，它位于美国亚利桑那州沃洛克镇，这里光照强烈，生态环境相对荒凉，有些类似于太空的环境。"生物圈二号"建成于1991年5月，占地面积1.28万平方千米，工程建造经费约2亿美元，运转费用每年约600万美元。它是根据地球生态系统中能量流动和物质循环的原理模拟运行的，其简要的过程可以用美国市场上出售的"生态球"演示。这个特制的密封玻璃球里装着淡水、空气、绿藻植物、一种似虾状节肢动物、蜗牛及一些浮游类动物和植物，当然还有微生物，这些生物及其所在环境与外界完全隔绝。其中，绿色植物利用空气中的二氧化碳和水分在阳光下进行光合作用，合成有机物质并释放氧气，动物以植物或其碎屑为食，微生物及浮游动物将死亡的动、植物或排泄物分解，生成二氧化碳和矿物质。这种密封玻璃球式的生态系统，就是地球生态系统工作的原理，也是未来人类在太空建造长期生存空间的必然模式，但模拟的地球环境在进入太空之前必须在地球上先进行密封住人实验，得克萨斯州年轻的石油亿万富翁巴斯将这一大胆的设想付诸实施，建造了"生物圈二号"。

1991 年 9 月 26 日，全球所有主要媒体均在头版头条刊登了一则激动人心的消息：由美国太空生物圈风险投资公司建立的"生物圈二号"投入运行，8 位科学家笑容满面地于上午 8 时 15 分正式入住位于美国亚利桑那荒漠的一个模拟地球环境的全封闭温室，开始了长期自给自足、与世隔绝的生活。英国的《新科学家》杂志认为，这是肯尼迪总统提出飞向月球计划以后美国实施的最令人激动的科学研究项目。

一切似乎都按照人类设想的那样发展，计划的成功看上去也指日可待。

时间一天天过去，一个巨大的问题浮出水面——温饱问题。食物的短缺问题越来越严重，存粮一天天在减少，可种出来的稻子只是空壳。所有的科学家都束手无策。储备的粮食很快就被吃完了，饥荒蔓延了整个"生物圈二号"。没有办法的人们只好吃一些红薯充饥，但红薯总有一天也会被吃完的，那时候怎么办？

万般无奈之下，只好求助于指挥部门。指挥部门专门从尼泊尔物色了一个农学院毕业的大学生，自从这个大学生入住后，情况大为改观，无论是水稻还是小麦，颗粒饱满。生产出的粮食吃不完了，这个尼泊尔人成了"生物圈二号"中的大英雄。

然而，麻烦又随之而来。"生物圈二号"中的植物，尤其是热带雨林植物，生长异常繁茂，有些甚至触及了顶部玻璃，大有穿破玻璃之虞。这种现象在真正的自然环境中是绝不可能会发生的。但在这里，二氧化碳浓度过高，导致植物生长非常繁茂，光合作用能力异常强烈。

很快牵牛花等藤本植物被移植了进来用于固定二氧化碳浓度。没过多久却又出现了新的问题。这些植物在高二氧化碳浓度环境下疯长，危及其他植物与农田。生物链遭到破坏，引进土壤时带来的蚂蚁及蟑螂卵大量繁殖，所有花粉传播动物却消失了，使一些依靠昆虫传粉的植物不能正常授粉。引入的 25 种脊椎动物中有 19 种消失。

由于二氧化碳和一氧化碳猛增，藤本植物和小草趁势猛长，非常茂盛，沙漠变成了草地。而高大的乔木则因上层温度超高、下层温度超低而枯萎。引进的生物主要是生产者（植物），动物、真菌和细菌的种类和数量都较少。由于动物的种类和数量都减少了，植物很少被动物取食，加之缺少细菌和真菌的分解，导致枯枝落叶大量堆积，物质循环不能正常进行。

与此同时，海洋等地也相继出现问题。海洋的问题尤为突出，经常去游泳的人发现，海洋里的植物生长得异常茂盛，海水富营养化后而形成的赤潮使人望而生畏。

不仅如此，由于空气中二氧化碳的含量增加，氧气减少，导致人易疲惫。于是，通过换气，换了 17000 立方米的空气，占其中空气总量约 1/3。取得的效果是很明显的，情况很快就有了好转。但这一切都只是暂时现象。

没过多久，愁云再一次笼罩在人们心头。这一次可谓来势汹汹，空气越来越差，氧气越来越少：氧气浓度从 21% 下降到 14%。这个浓度相当于地球上海拔 5300 米高度上的氧浓度，一氧化二氮也增加了 79 毫克／千克；二氧化碳基本维持在夏季为 1000 毫克／千克，冬季为 4000 毫克／千克。而地球上的二氧化碳浓度仅为 350 毫克／千克。二氧化碳浓度升高后导致了人的疲劳和失眠，甚至后来不得不依靠氧气筒睡觉。

所有的结果都表明，这里已经不能再居住下去了，同时也意味着实验的失败。

科学界对"生物圈二号"的批评主要包括：作为一个生态系统，它和外界真正的生态系统不可同日而语，如土壤是非自然的，光线不足；野生动、植物数量远远不够，尤其是动物，只剩下蚂蚁和蟑螂等少数物种；它的封闭也是不完全的，电力、信息、药品等要从外界输入。更关键的是仅有这么一个实验场所，缺少重复，数据的科学性无从确定。

尽管如此，作为在地球上首例利用生态系统原理进行的大规模封闭住人实验，"生物圈二号"的意义远远超过了舆论界对它的批评，两年半的实验为人类今后在太空城地面上进行类似的实验积累了大量数据。

科学家们检讨了实验失败的原因：自然界不同于人工控制系统，大而全的设计导致了顾此失彼。"生物圈二号"内的土壤均来自一个地方，不像地球那样不同地带有不同的土壤类型。模拟的各类生态系统的空间分布格局及大小比例不合理。地球上生态系统内的生物间关系很复杂，目前人类还未全面了解生物间的协调性。它最重要的启示在于：我们人类目前对地球的了解还是远远不够的，目前最好的办法还是保护和利用好地球，进行环境保护和生态恢复是实现人类可持续发展的必由之路。

实验的失败使投资者们失去了耐心，他们在追加一笔运行费后将这个温室送给哥伦比亚大学作科普和科研基地。今天，任何人只要凭票即可进入参观。但无论如何，这个实验体现了人类智慧和科学进取精神，也为人类更好地了解地球和生态系统的复杂性提供了最直接的证明。

第三节　清洁生产

环境污染问题大多产生于工业生产的全过程。因此，工业企业的环境管理不能仅局限于末端治理，而应把目光转向生产的全过程。

联合国环境规划署（UNEP）将清洁生产定义为："清洁生产是指将整体预防的环境战略持续地应用于生产过程、产品和服务中，以增加生态效率和减少人类及环境的风险。"

清洁生产有五项基本原则，即生态破坏与环境污染最小化、资源消耗减量化、优先使用可再生资源、循环利用资源及原料和产品无害化原则。其主要技术路线包括源头削减、生产过程控制和回收利用。

清洁生产的概念是一个相当好的商业途径，当实施后可以减少生产费用和提高经济效益，增加赢利。在此过程中，工厂会增加自身在市场上的竞争力，同时减少对环境的影响、危险和责任。

以下是基于事实而虚构的关于阜阳化工总厂清洁生产的故事。

阜阳化工总厂位于安徽省阜阳市，老王就在这里工作。说起老王，他可以算作厂里的元老了，从1970年建厂开始老王就进厂工作，从最初的普通工人一步步干到了生产部主任的位置上。工厂的发展也实在很快，在将近20年的发展中，现已年产甲醛40 000吨、甲醇25 000吨、吗啉2500吨。其吗啉的产量在国内处于第一位，且产品出口海外，其中的不少功劳还都得归功于老王的高效管理。

1996年又到了厂长竞选的时间，老王想想自己都40多岁了，这可能是自己最后一个晋升的机会了，所以提出了竞选的申请，他为自己竞选所拟的口号是："带领化工总厂在下一个五年中产量翻番，效益再上一个台阶。"经过上级部门的初步考核，这厂长的人选集中在了老王和小陈身上。这个小陈进厂也就 10 年左右，大学毕业后就来到了厂里，主要在厂里的环保科工作，环保科是近年才成立的科室，不过发展倒是挺快的。小陈的竞选理念与他的本职工作相结合，提出了"绿色化工厂"口号。两人进行了激烈的竞争，都在全厂范围内宣讲了自己的理念和如果自己当选将为化工厂带来什么。竞争虽然激烈，老王心里实际上是有些志在必得的，他想：效益才是硬道理，你小陈那些所谓"绿色"、那些所谓"环保"，不过是些虚的东西，显然自己的竞争口号更有吸引力。

然而，等到竞选结果公布的那一天，红色的喜报上赫然出现的却是小陈的名字。这下老王有些想不通了，他想：为什么全厂职工会被小陈那些虚的概念所迷惑？难道大家不追求更高的效益，不希望有更高的收入吗？何况我在厂里工作了这么多年，难道大家都看不到我的成绩吗？那好吧，我倒要看看小陈能把我们厂管理成什么样，到时候要是效益下滑，我可要给上级领导打个报告说说。

俗话说"新官上任三把火"，当小陈变成陈厂长后所做的第一件事就是派人把多年没有利用起来的宣传栏修葺一新，并更换了新的内容。这下不少职工在路过时都会不忘驻足片刻。老王本来是不想去看的，但最近职工之间老是在说着什么"清洁生产"，所以这天老王踱到栏前，心想倒要看看这小陈又在玩什么概念。

这时的宣传栏已经被精心分为了几个板块，首先便是清洁生产的概念：将整体预防的环境战略持续地应用于生产过程、产品和服务中，以增加生态效率和减少人及环境的风险，接下来是清洁生产所带来的效益：（1）节能、降耗、减污；（2）使污染物排放大为减少，末端处理处置的负荷减轻；（3）避免或减少末端处理可能产生的风险；（4）满足国际贸易与消费者对产品日益严格的环保要求，提高企业环保形象，提高产品竞争力。然后便是清洁生产的具体内容：（1）设计 — 生态设计；（2）生产 — 清洁生产；（3）产品 — 环境标志；（4）消费 — 绿色消费；（5）废弃 — 环境相容。

看到这里，老王心想，这清洁生产又是小陈减污节能那一套，况且这清洁生产涉及的内容那么宏观，与我们厂又有什么联系呢？他所谓的绿色工厂就是空谈这些虚幻的概念罢了。老王微笑着，心想自己那个报告是打定了，背着手又踱回办公室。

很快，陈厂长的第二把火就来了，这回可着实让老王有些佩服，因为陈厂长向市里争取到了一个中国—加拿大合作项目，要把阜阳化工总厂作为中加"清洁生产"合作项目之一，这个项目获得了省长和市长强有力的支持和鼓励。

项目申请成功的消息传来没几天，一批高鼻梁、蓝眼睛的加拿大人就来到了厂里，这可忙坏了陈厂长，每天都带着厂里的技术骨干陪同他们在厂里各处，特别是各排放管道周围转。这些外国人也颠覆了老王心中的那种洋人的形象，不顾天气炎热和环境恶劣，亲自到油腻的废水沟中或十几米高的塔器上采样，自己动手分析、测定。而合作项目的最新进展也实时公布到宣传栏中。

老王看到整个项目开始是三步清洁生产审计：工艺流程图分析、采样分析、水平衡和污染负荷分析，通过这三步生产审计，加方为厂里提供了基于两个重点生产工序和 7 股优先流体的 20 多个清洁生产方案，这些方案在宣传栏中都作了一一介绍。

例如，消除贮存区的化肥包装袋的破损，此措施减少了大量的氮通过雨水对环境的污染，从废物中增加收入；新建了一个沉淀池，以移走从烟囱喷淋液中的固体悬浮物，此措施通过沉淀的固体作为各种建筑材料而增加收入；最大限度回收油以循环利用，还增加了新设备以回收工业气体通过压缩工序留下的油；阻止从贮槽和滤布的铜液泄漏，在消除水环境污染的同时，节省了化学品的费用。这些措施美化了环境，清除了垃圾场，代之以花园；通过回收水中的油，最大限度地减少水中油的排放。

就老王个人感受来说，他也觉得最近厂里的确不少地方都在大兴土木，而且很多车间都在安装新的设施，生产科和设备科抽出专人 24 小时抽查考核工艺执行情况和设备运行情况，每天公布考核奖罚结果，弄得老王每天为了那几个指标东奔西走的，感觉这小陈可真会折腾人。

另一个最令他不适应的就是，原来厂里总是弥漫着的一股淡淡的氨气味道，最近却没有了，因为以前老王自己总结了一条规律：闻到的氨气味越浓，厂里这一阵的产量就越大。最近如此稀薄的氨气味岂不是意味着厂里今年的生产会出大问题。另外，最近厂里决定实施三个高费用改造方案：氨水回收装置、硫磺回收装置、废油回收装置，这可是要投入一笔巨资啊，厂里今年的效益就可想而知了……老王心想，这下打报告时自己有话可说了。

随后几个月就这样静静地过去了，阜阳化工总厂周围也静静地发生着变化，老王感觉厂区周围的树木似乎绿了不少；那个用垃圾场改建的花园也成了厂里的一大景点，就连老王中午吃完饭后也要去走上几圈；厂边上那条原来总是灰黄色的总干渠也变得清澈许多，周围的居民也更愿意在这条人工河畔消暑纳凉了。说老实话，老王心里对小陈的看法也有了一些微妙的转变，但他总是对自己说：如果厂里的效益下降了，报告我是一定要打的……

1999 年年终到了，持续更新的宣传栏上展示的几乎都是陈厂长的那第三把火：清洁生产前后，即 1999 年与 1996 年相比，该厂的主要产品的产量都大幅增长，如合成氨产量从 7.8 万吨／年增加到 11.5 万吨／年，总氨产量从 8.3 万吨／年增加到 13.1 万吨／年……氨利用率从 88.2% 提高到 91.1%，生产每吨氨所消耗的白烟、煤烟和电消耗量都降低了 10% 左右。

尤其值得一提的是，在产量快速增长的同时，全厂的废水排放量基本没有增加，吨氨排水量从 27 立方米降为 19 立方米，吨氨排氨量从 41 千克降为 4.65 千克，每年减少化学需氧量（COD）排放 54.5 吨，减少氨排放 2352 吨。氨水回收装置使全厂每年回收 2000 多吨氨，减少外排废水 10 万吨，每年获经济效益 100 多万元；硫磺回收装置使全厂可以每年回收硫磺 550 吨，获经济效益 35 万元；废油回收装置每年可以回收 150 吨油，获经济效益 25 万元。位于市区附近的阜阳化工总厂也正是因为清洁生产而没有拖阜阳市建设"滨水园林城市"民生工程的后腿。

老王仍然担任着他的生产部主任，他也确实向上级写了一篇关于陈厂长的报告，不过他写的内容却是从一个总厂老工人的视角向上级详细描述了清洁生产后厂区的巨大变化和工厂效益的巨大提升。老王还在这几年里得出了两条感受：一是当初厂里人选择小陈实在是一个明智的决定；二是清洁生产还真是企业节能、降耗、增效的最佳途径！

这是一个提高了其产品产量，降低了生产成本，增强了能量利用率，减少了对环境的污染物排放量，实现清洁生产的一个成功的案例。该项目之所以能够成功的因素是多方面的，例如：严格的管理；工厂领导、员工、政府机构及其他国家或组织的积极支持与参与；中加双方合作提出并实施效益极高的无费或低费方案；培训和分享信息……

在人口日益增长、能源紧缺、资源匮乏的今天，如果每个污染性行业都像阜阳化工总厂这样能够做到不浪费点滴资源，从自身做起，主动去寻求改进与升级技术，以废制废、减少污染，回收和利用废气、废水、废物，那么环境问题将从根本上得到缓解。

第四节　循环经济

循环经济即物质闭环流动型经济，是指在人、自然资源和科学技术的大系统内，在资源投入、企业生产、产品消费及其废弃的全过程中，把传统的依赖

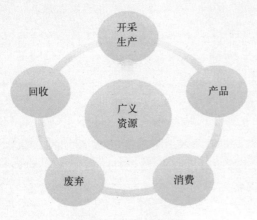

循环经济发展模式

资源消耗的线型增长的经济，转变为依靠生态型资源循环来发展的经济。循环经济是以资源的高效利用和循环利用为目标，以"减量化、再利用、资源化"为原则，以物质闭路循环和能量梯次使用为特征，按照自然生态系统物质循环和能量流动方式运行的经济模式。它要求运用生态学规律来指导人类社会的经济活动，其目的是通过资源高效和循环利用，实现污染的低排放甚至零排放，从而保护环境，实现社会、经济与环境的可持续发展。循环经济是把清洁生产和废弃物的综合利用融为一体的经济。

以下讲述关于循环经济的两个案例：卡伦堡的工业共生、日本川崎生态城的建设。

一、卡伦堡的工业共生

循环经济学者最常引用的原型典范，是位于丹麦卡伦堡的发展案例。卡伦堡位于哥本哈根市以西 100 千米处，人口仅 19000 人。在那里的一群公司使用彼此的废弃物作为对于本身制造所需原、辅材料。该地区的产业共生关系演变过程，是自发地、缓慢地演化而成的。而这些企业之间及与社区间的物质与能源交换网络，多年来，已沿着距哥本哈根以西约 121 千米处海岸地区发展成为一个小型产业共生网络。

卡伦堡生态工业园是由 5 家企业、1 家废物处理公司和卡伦堡市政府组成的合作共生网络。其中包括 6 个核心部分，分别是：

● 阿斯耐斯（Asnaes）热力发电站（以下简称"发电站"）：丹麦最大的火力发电厂

● 斯塔朵尔（Statoil）精炼厂（以下简称"炼油厂"）：丹麦最大的炼油厂

● 吉普洛克（Gyproc）石膏厂（以下简称"石膏厂"）：每年石膏产量足够建 6 个卡伦堡市大小的城镇的房屋

● 挪伏·挪尔迪斯克（Novo Nordisk）制药厂（以下简称"制药厂"）：一

个国际生物技术公司，供应世界 40% 的胰岛素，其最大的工厂设在卡伦堡

● A-B（A-B Bioteknisk Jodrens）公司（以下简称"微生物公司"）：一个土壤微生物修复公司

● 卡伦堡城：为 2 万居民供热和供水

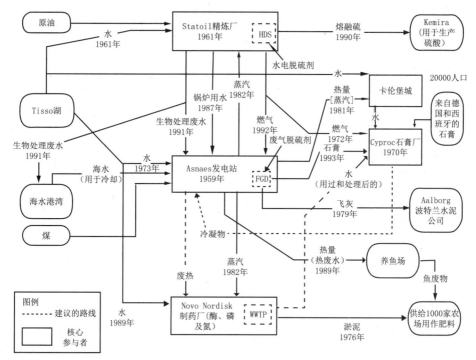

卡伦堡的工业共生关系图

1. 发展过程

最初是石膏厂在卡伦堡建厂，利用炼油厂产生的丁烷气（使之可以停止燃烧丁烷）。10 年后，制药厂无偿提供淤泥（含氮和磷）给约 1000 家农场（丹麦政府禁止将这些废料倾倒入海）。又过了 3 年，发电站供应飞灰给波特兰（Aalborg Portland）水泥公司。

到 1980 年，发电站又供应蒸汽给卡伦堡城、炼油厂和制药厂。1987 年，炼油厂将冷水用管道送给电站用作沸腾原料进水。1989 年，发电站使用盐冷却水的废热进行鱼产品生产。

到 1990 年，当地的中学生为交换网绘制了图，各企业经理第一次看到他们无意中创造出的成果。自此之后，他们便开始有意识地去构建共生的关系。1990

年，炼油厂卖熔融硫给克米拉（Kemira）硫酸制造商。1991 年，炼油厂将处理过的废水送到发电站供使用。1992 年，炼油厂送脱硫废气到发电站，开始利用副产品生产液体化肥。1993 年，发电站完成烟道气的脱硫，向石膏厂供应硫酸钙。1995 年，发电站建水池收集水流供内部使用并减小对梯索（Tisso）湖的依赖。1997 年，发电站半数燃料从煤改为含沥青的液态燃料，并开始从飞灰中还原钒和镍。1999 年，微生物公司使用卡伦堡市下水道产生的淤泥作为原料制作受污染土壤的生物修复营养剂。

2. 能量流和物质流

能量流的情况是：发电站火力发电的热效率约为 40%。最初炼油厂的大部分气体副产品也都燃烧掉了。经协商，炼油厂同意供应多余的气体给石膏厂。而发电站从 1981 年开始用其新的地区供热系统为城市、其后又为制药厂和炼油厂供蒸汽，取代了约 3500 个燃油炉（该项目受到政府支持）。发电站使用海水满足冷却需要，其副产品为热的盐水，其中一小部分可供给养鱼场的 57 个池塘。到 1992 年，炼油厂建了 1 个脱硫装置，发电站使用炼油厂提供的剩余精炼气取代煤。1998 年又增加了一种新燃料——奥沥乳化油（Orimulsion），这是从委内瑞拉含沥青沙中制得的。

物质流的情况是：制药厂工艺过程产生的淤泥用作附近农场的化肥；水泥公司使用发电站的脱硫飞灰；精炼厂的脱硫装置生产纯液态硫给硫酸制造商；制药厂将胰岛素生产的剩余酵母送到农场做猪食；微生物公司使用民用下水道淤泥作生物修复营养剂来分解受污土壤的污染物；发电站新液体燃料含硫量更高，增加了生成的石膏量，它还包括含镍和钒的重金属副产品。

卡伦堡的工业共生关系表

企业名称	原材料	产　品	废弃物／副产品
石膏厂	石膏	石膏板	
微生物公司	污泥	土壤	
发电站	可燃气、煤、冷却水	热、电	石膏、粉煤灰、硫代物
炼油厂	原油	成品油	可燃气
制药厂	土豆粉、玉米淀粉	胰岛素等药品	废渣、废水、酵母

续 表

企业名称	原材料	产 品	废弃物／副产品
废物处理公司	三废	电、可燃废物	
市政府	水、电、热	服务	石膏、污泥

3. 卡伦堡的经验

卡伦堡的工业共生中所有合作都是在双边基础上协商达成的，每个项目对参与公司在经济上都是有吸引力的，并且每个参与者都尽力确保风险最小，而每个公司都独立评估其自身业务。

从卡伦堡案例中，我们可以获知：如要实现工业共生，应该要满足以下几个条件：产业必须不同且彼此适合；商业上有利可图；运输上考虑参与者间的距离必须较短；各家工厂的经理最好都彼此认识，相互之间具有良好的关系。

卡伦堡的可供借鉴的成功经验有：产业匹配、规模匹配、较近的地理距离、紧密的合作精神、制定财政激励政策、地区级别的协商更有效。

4. 意义

经统计，卡伦堡各项资金收益已累计节约资金 0.7 亿～1 亿美元。卡伦堡的成功说明了运用生态学规律来指导人类社会的经济活动是大势所趋，它的意义包括：带来收益，节约成本；减少了对该地区空气、水和土壤的污染；从生态学角度说，表现了一个简单的食物链的特征：生物体消耗其他生物体的废物和能源，彼此之间共依共存。

二、日本川崎生态城的建设

1. 背景

川崎市临近首都东京，人口 120 万。它是日本一个最老、最大的工业区所在地。

建立于 1902 年的川崎沿海工业区在 1.012 平方千米的土地上拥有超过 50 家重工业企业。其最大的企业是由炼油、钢铁制造、发电和化工工业企业构成。

20 世纪 70 年代，川崎市的工业区是日本污染最严重的地区之一。在川崎工业区曾下过一场奇特的"金属雨"，闪闪发亮的金属粉末，在空中连续飘落了 4 个多小时。原来这是工厂里排放出来的金属粉末，被上升气流带到高空，然后慢慢落下来，形成了这场奇特的"金属雨"。严重的环境问题以及某些工业的重组和国有化导致了几个工厂的关闭和当地经济的停滞。1982 年，那些患哮喘病和其他呼吸道疾病的居民对当地政府和工业企业提起诉讼。

为了解决这一状况，川崎市政府决定推行环境友好项目以恢复该市的经济发展。该项目是建立在从人们的日常生活到工业运行的所有活动都与环境相协调的概念基础上，而生态城项目是主要组成部分之一。市政府和当地企业采取了大量措施把该地区发展成一个环境友好的工业区。

最终川崎人交出了一份令人满意的答案。现在当你奔驰在前往川崎的高速路上时，透过车窗，你就会发现道路两旁分布着不少规范整洁的厂区，厂区绿化面积宽广，厂区停车场里停放不少电动汽车，工厂几乎没有几个是有烟囱的，即使有也仅仅喷着淡淡白烟。天空也并未因为即将进入市区而有丝毫改变，依然湛蓝清澈。到达市区，呈现在你眼前的则是一幅典型的日式风格的城市场景：街道虽然窄小但整洁，葱郁的树木点缀在精致的日式小屋之间……

川崎市的优势在于它有非常完备的基础设施，包括港口、铁路、运河和能源供应设施，这些对资源型企业是必不可少的。此外，该地区有高度集中的在日本处于领导地位的大型工厂和数量众多的属于资源循环再利用行业的中小型企业，以及各种环境相关设施。由于有这些高度一体化的基础设施和工业企业，川崎市可以建设一个有相当竞争力的资源循环再利用系统。

2. 川崎生态城项目概述

（1）目标

川崎市创办生态工业园是一种实施工业生态学的尝试。川崎生态城的总体建设目标是使其对环境的影响降至最小，工业活动与环境相协调，成为可持续发展的园区。其具体目标是：所有的工业企业要在其整个活动中减少对环境的影响，包括产品的生产和废弃物的弃置；有效地实行废弃物的循环利用，这种循环利用不仅在企业内部实现，也将通过企业之间的合作实现。

为实现这一目标，川崎市为工业企业提供不同方面的帮助，例如提供必要的信息、协调方面的服务等。此外，川崎市还为中小企业提供财政、技术和人力资源上的帮助。

（2）指导思想

川崎生态城建设中提出了零排放的思想，其核心是实现废弃物的循环利用。每个企业不仅要减少自己的污染物排放，并且要充分利用其他企业所排放出来的废弃物。能源利用效率也必须得到提高。

（3）项目内容

企业层面的建设：建立一个起模范带头作用的零排放工厂，实现生产设备的

污水零排放和废物的零产出；建立环境安全的运输系统；建设和示范模范工厂的运作。

工业园区和社区层面的建设：设立环境目标；计划和发展零排放工业园；修建绿化带和推动制造设备的革新；提倡使用环境友好的机动车辆；在社区范围内收集和再循环纸、玻璃瓶、铁罐和聚酯瓶及其他可循环使用的物品。

推行研究与开发计划以促进可持续发展：建立热电联产系统以利用企业和工厂产生的余热；研究循环再利用系统和使其商品化；促进与环境相关技术的联合研究与开发。

建立信息系统：创建一个便于使用的有关环境技术信息的数据库；根据环境保护情况评估地区取得的成绩；积累有关川崎生态城环境方面的内部信息；向生态城外部社区发布信息；建立一个生态城信息中心，以便进行与环境相关的各种交流和培训，以及收集和发布环境相关信息。

3．项目进展及成效

自 1997 年以来，川崎生态城的建设得到了日本通产省的帮助。整个计划于 2010 年完成。现有的一些工艺和技术包括使用焚化厂的飞灰与底灰作原料制造生态安全水泥。废油是用于加热砖窑的能源，废弃电器部件成为钢厂的原料。NKK 公司发明了一种使用民用垃圾废物替代煤炭作燃料的新型气炉，每年可回收利用 40 000 吨的废塑料。

零排放工业园的主要设施位于一个钢铁厂的旧址，它作为资源回收社区的中心，有 7 家企业首批搬进工业园。工业园内的各企业不仅可以降低排放，而且可以有效利用园区内其他企业的排放物或回收各种废物使其成为可循环利用的资源。各企业还可以通过合作来优化能源的使用，以提高能源利用效率。

4．主要启示

川崎生态城是政府与企业合作努力的结果，树立了一个通过把环境技术与副产品使用成果作为重点的工业区恢复发展模型的颇有前途的范例。政府通过使用循环再利用设施降低民用废物处理的负担，私人企业能够通过使用循环再生的物料来节约生产成本，而这又将引导地方经济的复兴。

5．日本生态工业发展的情况

自从以大宗生产和大宗消费为基础而繁荣起来的泡沫经济破碎后，日本一直在努力寻找发展的其他途径。近几十年非可持续经济活动的负面遗留影响，包括环境恶化和能源资源耗竭迫使日本工业和整个日本社会不得不改变传统的生产方式。

日本政府认识到工业生态学可以作为实现可持续发展的途径之一，并已经在全国上下推行了各种各样的工业生态发展项目。这些项目可以被分为以下三类：生态工业园、生态城镇项目和生态工业群落和零排放努力项目。

日本的环境保护大致可划分为三个阶段：第一阶段是所谓末端治理对策时期；第二阶段是环保重点从可持续性发展向循环型社会过渡的时期；第三阶段从2000年确定《循环型社会形成基本法》开始，以实现零排放社会作为当前目标。

"零排放"被认为是日本的一项特色努力。尽管许多零排放努力并不一定遵循联合国大会零排放研究倡议组织（ZERI）发展的概念，但政府部门可以应用这个普遍流行的概念作为用以提高其管辖社区的环境意识和推动环境安全活动。"零排放"在日本得到了广泛的支持，这表明提出正确口号对促进环境安全生产和经营的重要性。

第五节　ISO14000

ISO14000系列国际标准是国际标准化组织（ISO）汇集全球环境管理及标准化方面的专家，在总结全世界环境管理科学经验基础上制定并正式发布的一套环境管理的国际标准，涉及环境管理体系、环境审核、环境标志、生命周期评价等国际环境领域内的诸多焦点问题，旨在指导各类组织（企业、公司）取得和表现正确的环境行为。

ISO14000系列标准共分7个系列，其标准号从14001至14100，共100个标准号，统称为ISO14000系列标准。

目前正式颁布的有ISO14001、ISO14004、ISO14010、ISO14011、ISO14012、ISO14040等5个标准，其中ISO14001是系列标准的核心标准，也是唯一可用于第三方认证的标准。该标准已经在全球获得了普遍的认同。

ISO14000系列标准突出了"全面管理、预防污染、持续改进"的思想，作为ISO14000系列标准中最重要也是最基础的一项标准，ISO14001《环境管理体系——规范及使用指南》从政府、社会、采购方的角度对组织的环境管理体系（环境管理制度）提出了共同的要求，以有效地预防与控制污染并提高资源与能源的利用效率。

ISO14001是组织建立与实施环境管理体系和开展认证的依据。ISO14001标准由环境方针、策划、实施与运行、检查和纠正、管理评审5个部分的17个要

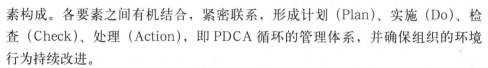

素构成。各要素之间有机结合，紧密联系，形成计划（Plan）、实施（Do）、检查（Check）、处理（Action），即 PDCA 循环的管理体系，并确保组织的环境行为持续改进。

我们知道 ISO9000 是为产品或服务的质量把关，那么 ISO14000 是在什么样的背景下产生的呢？

随着社会、经济的不断发展，人口的不断增加，越来越多的环境问题摆在了我们面前：温室效应加剧、酸雨不断蔓延、臭氧空洞的出现、水体不断遭到严重污染、土地大量荒漠化、草原退化、森林锐减、许多珍稀野生动植物濒临灭绝……这一系列的环境问题中，可以说绝大部分是由于人为因素造成的。

这些问题已经危及我们人类社会的健康生存和可持续发展，面对如此严重的形势，人类开始考虑采取一种行之有效的办法来约束自己的行为，使各种各样的组织重视自己的环境行为和环境形象。人们希望以一套比较系统、完善的管理方法来规范人类自身的环境活动，以求达到改善生存环境的目的。

首先开始酝酿制定这样一套比较系统、完善的管理方法的是国际标准化组织（ISO）。该组织是世界上最大的非政府性国际标准化机构，它成立于 1947 年 2 月，主要从事各行业国际标准的制定，从而促进世界范围内各国贸易的友好往来，以及文化、科学、技术和经济领域内的合作。

ISO 自成立以来，已经制定并颁发了许多国际标准，其下设若干个技术委员会，其中第 176 技术委员会（TC176）在 1987 年成功地制定和颁布了 ISO9000 质量管理体系系列标准，对改善企业的质量管理模式起到了很大的作用，在世界范围内引起了很大的反响。

进入 20 世纪 90 年代以后，环境问题变得越来越严峻，ISO 对此作出了非常积极的反应。1993 年 6 月，ISO 成立了第 207 技术委员会（TC207），专门负责环境管理工作，主要工作目的就是要支持环境保护工作，改善并维持生态环境的质量，减少人类各项活动所造成的环境污染，使之与社会经济发展相平衡，促进经济的可持续发展。其职责是在理解和制定管理工具和体系方面的国际标准和服务上为全球提供一个先导，主要工作范围就是环境管理体系（EMS）的标准化。

为此，ISO中央秘书处为TC207预留了100个标准号，标准标号为ISO14001~14100，统称为 ISO14000 系列标准。此后，一个全新的概念——环境管理体系产生了。环境管理体系是一个组织的整个管理体系当中的一个组成部分，包括为制定、实施、实现、评审和保持环境方针所需的组织结构、计划活动、职责、惯例、程序、过程和资源。

ISO14000 环境管理认证被称为国际市场认可的"绿色护照",通过认证,无疑就获得了"国际通行证"。许多国家,尤其是发达国家纷纷宣布,没有环境管理认证的商品,将在进口时受到数量和价格上的限制。如欧洲国家宣布,电脑产品必须具有"绿色护照"方可入境;美国能源部规定,政府采购只有取得认证的厂家才有资格投标。

以下以东风汽车厂 ISO14000 建立并实施环境管理体系的故事为例,来介绍 ISO14000 的实施过程和效益。

让我们的目光回溯到 2001 年。东风汽车厂(前身是中国第二汽车制造厂,以下简称"东风")在 2000 年经过深化改革和艰苦经营,一举扭转了亏损局面,实现了具有标志意义的转折和回升,这种转折和回升是通过从粗放型经营向集约型经营转变,并且以市场为导向,全面加强经营管理,内抓管理,外拓市场,严控成本,快速开发研制新品这样一套"组合拳"实现的。然而就在 2001 年,中国加入了 WTO,步入了与世界同呼吸共命运的经济发展轨道。机遇当然是不言而喻的,但是挑战也不容忽视,特别对于东风来说,现在将要面对的是来自世界的汽车厂商的挑战和竞争,能否保住上一年的上升势头不能不打个问号。

小李是 1999 年才到东风环保部的,他是当时厂里为数不多的大学生,不少人认为大学生在厂里工作有些亏了,但他一点也不感到屈才,因为他知道东风历来重视环保工作,早在 1994 年就开始开展了当时理念上非常先进的清洁生产工作,树立了东风良好的环保品牌,历年来也获得了不少湖北省、全国的环保奖项,所以他感到自己是能够大有可为的。但是他没想到在对东风至关重要的 2001 年,厂里极大加强了对环保部的投入与关注。按照一般人的逻辑,厂里一定会将主要精力放在生产的提升和新技术的研发,毕竟产量和销售额才是判断工厂一年效益的硬指标。

这一天,环保部的部长交给小李一摞厚厚的资料让他研究一下,并让他尽快和同事们拿出一套行之有效的方案出来。小李不敢怠慢,立即收下资料开始工作。这些资料都有一个共同的主题 —— ISO14000,这个名词对于小李来说并不陌生,也就是在毕业前两年,即 1996 年,一向关注环保方面相关新闻的小李就注意到《ISO14001 规范及使用指南》颁布的消息,当时他就感觉该指南对于自己环保专业及自己将来工作的重要性,所以在那时他就通过不同渠道进行了解和学习。

尽管有所了解,但这些终究只是纸上谈兵,从未有过实际施行经验。事实上,

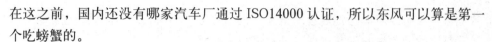

在这之前，国内还没有哪家汽车厂通过 ISO14000 认证，所以东风可以算是第一个吃螃蟹的。

正在小李苦于接下来的一切方案都要自己和同事们摸着石头过河时，小李的同事提起了日本丰田汽车公司（以下简称"丰田"）。丰田当时是世界上仅次于美国通用公司的世界十大汽车制造商之一，它早在 1963 年就成立了专门的环境管理机构——工厂环境管理委员会，并于 1992 年制定了《丰田地球环境宪章》，在 ISO14000 标准颁布之初就已通过了其相关认证。如今丰田已经形成了一套完善的环境管理体系，并且有层层负责的严密组织结构，该公司目前的目标已经定为力争在汽车的开发、生产、使用到报废的生命周期的每一个阶段都体现出保护环境的精神，早已超越了 ISO14000 的要求，实现了更大程度的环保化。所以丰田不就是东风最佳的学习榜样吗！小李的精神为之一振，立刻和同事们分头搜集丰田的环保方面的信息进行研究。

经过缜密研究，仔细规划，小李所在的环保部不久就拿出了一套体现了 ISO14000 全员参与、广泛的适用性、灵活性、兼容性、全过程预防、持续改进原则几大特点的方案，在实际规划过程中，结合东风才开始申请 ISO14000 认证和刚刚从去年开始扭亏为盈的现状，并没有采取一开始就建立像丰田汽车环境管理体系一样非常严密的组织机构，如实行从社长到工厂环保负责人再到环保管理员，从水质、大气、噪声、废弃物每个环节都有专人负责的制度，而只先在上级公司设立专门的环保部门，环境管理体系则落实到下级子公司生产科，就是环保专员这一职务。希望在今后的发展中根据实际情况再进行完善。另一方面，小李和同事们事实上遇到的阻力并不如开始想象的那么大，这是因为 ISO14000 标准明确规定了环境管理体系的规划、实施与运行、检查和纠正、管理评审等系统要求，这为东风建立和实施规范的环境管理体系提供了科学依据，换句话说，就是东风的规划都有参考的量化指标，极大方便了方案的制定。

然而，方案是拿出来了，小李心里却有一丝担心，因为要通过这个认证，厂里根据所制定的规划来看还得投入一大笔资金，这是否会影响工厂今年利润再创新高这一的目标实现呢？

事实上，小李的担心似乎有些多余了。环保部提交的方案很快就被东风高层批准下来，并且马不停蹄地开始实施。不少车间开始改进产品性能，制造"绿色产品"；改革工艺设备，实现节能降耗。同年 7 月，总经理发布"遵守国家环保法规、污染预防持续改进、节能降耗减污增效、树立东风环保品牌"环境方针。3 个月后，东风立即开始了 ISO14000 的申请工作。小李不由为厂里能够如此高效地进行相关改革而感到震撼，也为厂里如此重视环保而感到高兴，当初选择东风是没错的，这里的确是实现自己抱负的天地。

经过略显漫长的环境管理体系审核（包括文件审核、现场审核、跟踪审核），东风（十堰地区）及其35个专业厂（分公司、部、院所、学校）终于在2002年初通过了我国机械工业环境管理体系认证中心的现场审核，取得了该中心颁发的36张ISO14001环境管理体系认证证书。东风成为了全国第一个通过ISO14001认证的大型汽车企业。

同样在2002年初，东风向全厂职工公布了2001年公司业绩，到这年为止，东风全资及控股子公司42家，总资产超过510亿元，净资产190多亿元。主要业务覆盖全系列整车、汽车零部件、汽车装备及相关事业。汽车综合生产能力53万辆。可以说是全面刷新了历史最好成绩。

这时小李才长舒了一口气，看来这ISO14000早就被公司高层作为了一种公司进一步发展的手段，而事实也证明这实际上就是适用于新世纪的生产力。他感到公司在经过ISO14000认证的过程中获得了众多好处，例如：国际贸易的"绿色通行证"、企业市场竞争力的增强、市场份额的扩大、更为优秀的企业形象、污染的预防、环境的保护、提高的员工环保素质、提高的企业部管理水平、减少的环境风险……

事实上，国际标准组织当初制定ISO14000的目标就是通过建立符合各国的环境保护法律、法规要求的国际标准，在全球范围内推广ISO14000系列标准，达到改善全球环境质量，促进世界贸易，消除贸易壁垒的最终目标。具体到每个企业身上来说自然就是其经济效益的显著提升。东风正是发现了隐含在这标准之下的无穷生产力，并且在国内率先开展其认证工作，最终为本已有所起色的公司业绩注入了更强大的动力，实现了最终的成功。

第六节　苏州河（整治）与上海的（城市）发展

在构建和谐的人类环境与发展的关系中，除了在工业生产领域开展清洁生产、循环经济等努力外，在城市发展领域，近年来我们也开展了大量的以水环境综合整治为重点的城市环境综合整治工作，这其中上海市的苏州河环境综合整治具有代表性。本书作者参与了其中的有关研究工作。本节内容是对苏州河整治与上海城市发展之间的关系进行探讨。

一、苏州河与上海（城市）发展的关系史

上海位于长江入海处，在 19 世纪中叶以前，是一个封建社会小城市。1843年被辟为国际商埠后，得到迅速发展，至 20 世纪 30 年代，上海已成为远东地区的国际贸易、金融中心和全国的工商业中心。

苏州河以前被称为吴淞江，是上海市重要的自然地表水体。中国近代工业文明在苏州河和黄浦江的两岸孕育、兴起，以至于苏州河与黄浦江一道被称为上海的母亲河。

对未受污染之前的苏州河，作家赵丽宏在《我的母亲河》一文中这样写道："在我童年的记忆中，苏州河是一条变幻不定的河。她清澈时，河水黄中泛青，看得见河里的水草，数得清浪中的游鱼。江南的柔美，江北的旷达，都在她沉着的涛声里交汇融和。这样的苏州河，犹如一匹绿色锦缎，飘拂缠绕在城市的胸脯……我常常在苏州河畔散步。我曾经幻想自己变成了那些曾在这里名扬天下的海派画家，踩着青草覆盖的小路，在鸟语花香中寻找诗情画意，用流动的河水洗笔，蘸涟涟清波研墨，绘树绘花，绘自由自在的鱼鸟，画山画河，画依山傍水的人物……"

然而，随着上海工业和城市的发展，苏州河逐渐发生了变化。苏州河两岸在上海的工业发展早期大部分为码头、仓库和工厂所占。这个时期苏州河主要承担工厂的大宗原材料和产品的运输，且工厂位于苏州河沿线，既便于取水，又有利于废水的排放。与工业发展相伴，在工业区周围，又迅速形成了廉价的工人居住区（棚户区），并与工厂区混杂。工业的发展，以及商业的发展，使得苏州河沿线地区兴旺一时。

由于大量工厂废水、居民生活污水和垃圾等不经处理直接排放到苏州河，同时由于潮汐作用使河水外泄时间延长，使得苏州河水逐渐遭到污染，且愈来愈重。1920 年，苏州河部分河段出现了黑臭，闸北自来水厂被迫于 1928 年移至军工路，以黄浦江下游江水为水源。到 1949 年新中国成立前夕，从外白渡桥到曹家渡河段已终年黑臭。而苏州河沿线地区则成为环境十分恶劣的地区。

新中国成立后至改革开放前，上海承担了我国恢复和发展经济的重任，把工业生产放到了重要位置，上海逐渐由一个多功能中心城市向综合性工业基地转化，同时，与国际经济联系的桥梁纽带作用被隔断，国际中心城市地位衰落，上海发展成为功能单一的中国最大的工业生产城市。这个时期，尽管对苏州河有过一些治理，但由于种种原因，河水的黑臭状况并没有实质性改变，而且逐渐加剧并向上游发展，此时的苏州河几乎变成了一条"死河"。而随着工业化的推进，产业不断升级，以及运输方式的改变，苏州河沿线的发展日益落后。此外，由于城市建设方式单一，两岸陆域环境也得不到最起码的更新，本来就薄弱的市政基础设施负担越来越重，苏州河沿线地区终于衰败了。

对于这一时期的苏州河，赵丽宏又写道："苏州河哺养了上海人，而上海人却将大量污浊之物排入河道。我记忆中的苏州河，更多的是混浊。她的清澈，渐渐离人们远去，涨潮时偶尔的清澈，犹如昙花一现，越来越难得。苏州河退潮时，浑黄的河水便渐渐变色，最后竟变成了墨汁一般的黑色，散发着腥臭，污染了城市的空气。这条被污染的母亲河，就像一条不堪入目的黑腰带，束缚着上海，使这座东方的大都市为之失色。人们无休无止地吸吮她，没完没了地奴役她，却没有想到如何把她爱护。她的黑色浊浪，是上海脸上的污点……我曾经以为，苏州河的清澈，将永难恢复。"

改革开放以后，特别是 20 世纪 90 年代以来，社会经济形势发生了巨大的变化，上海进入了新的发展时期，把上海建设成为 21 世纪的世界经济、金融、贸易、航运中心成为城市发展的目标。上海的社会经济迅速发展，产业结构得到全面调整，已部分地进入到以信息和服务业为主导的"后工业化社会"阶段。同时，新的发展思想，如生态思想和可持续发展思想等越来越被人们所认同和运用，人们认识到通过改善苏州河的环境、发挥苏州河的综合功能，进而促使苏州河沿线地区的复兴，可以实现城市的健康协调发展，于是政府开始组织苏州河环境综合整治工程，希望迅速改变人们长期以来无法忍受的恶劣环境。1998 年，苏州河环境综合整治工程正式开工。该工程总投资近 140 亿元，主要的工程措施包括截污、治污、综合调水、建闸工程、底泥疏浚、河道曝气复氧、搬迁废弃码头、防汛墙改建、水面保洁、上游水土保护等。工程目标：到 2000 年底，基本消除苏州河干流黑臭、消除苏州河与黄浦江交汇处的黑带；远期目标：实现苏州河与黄浦江、苏州河干流与支流水质的同步改善，基本恢复河道生态功能，河中有鱼。经过 10 年的整治，苏州河水质得到了大大的改善。

关于苏州河的变化，赵丽宏是这样描写的："昔日的杂货堆场，成了一个现代化的游船码头，踏着木质的阶梯登上快艇，河上的风景扑面而来。先看水，水是黄色的，黄中泛绿，有透明度。远处水面忽然溅起小小的浪花，浪花中银光一闪，竟然是鱼！没有看清楚是什么鱼，但却是活蹦乱跳的水中精灵。童年在河里游泳的景象，突然又浮现在眼前，40 多年前，我在苏州河里游泳，常有小鱼撞击我的身体。现在，这些水中精灵又回来了。河道曲曲折折在闹市中蜿蜒穿行，两岸的新鲜风光，也使我惊奇。花圃和树林，为苏州河镶上了绿色花边。河畔那些不知何时造起来的楼房，高高低低，形形色色，在绿阴中争奇斗艳，它们成了上海人向往的住宅区，因为，有一条古老而年轻的河从它们中间静静流过。"

二、苏州河整治，离不开上海的城市发展

1．苏州河整治是上海城市发展的结果

纵览中外，伴随着工业化的到来，一个城市的河流沿线地区由于其独特的优势，往往成为这个城市发展最早的地区。也正是随着工业化的进展、产业的升级等原因，导致了城市的河流沿线地区成为最早衰落的地区之一。而伴随着工业化的结束，后工业化的到来，衰落的城市河流沿线地区往往又重新获得了发展的机会。

"后工业化社会"阶段的重要特征之一是城市内部过早衰落的地区，包括城市河流沿线地区的作用被重新认识和发掘。20 世纪 80 年代以来，作为"后工业化"的宏观转型过程中各级政府公共部门和民营机构之间合作的结果，这些衰落地区中很多重获生机，展现出集商务、零售、文化、娱乐和休闲活动为一体的"后工业"城市景观。一系列新功能空间在滨水区中出现，其中包括公园和步行道、餐馆和娱乐场，以及混合功能空间和居住空间。河流沿岸地区作为滨水区重要的类型之一，衰落的功能也有了更新的机遇。

2010 年上海的人均 GDP 已达 12800 美元，而其他各项经济社会发展指标也达到了相当的水平。据预测，到 2015 年，上海能全面达到世界中等发达国家的发展水平。由此可以判断，上海已部分地进入后工业化社会。所以，以苏州河沿线地区为代表的许多市中心衰落地区获得重新发展是一种必然，是上海城市发展的结果。

2．苏州河整治的动力因素

苏州河环境综合整治工程的动力主要来自经济因素、城市建设因素和政治因素。

经济因素：苏州河沿线地区原来布满了码头、仓库、工厂、棚户区等，后来则有大量空置，很多急需改造和搬迁。在市场机制的作用下，城市土地级差效用明显，苏州河沿线土地的巨大价值得以重新发掘，而城市建设模式也由原来单一国家计划内项目制转向多元开发的方向。对沿线地区的开发主要是要重新利用其良好的区位，把原来单一的工厂、码头及棚户区改造为多功能的综合区，以此作为全市经济发展的催化剂。实质上，苏州河整治反映了在产业结构调整、运输方式改变的新背景下，上海经济发展客观需求的变化。苏州河沿线地区作为交通运输地带的功能在下降，而其作为高品位综合功能区的需求在上升。

城市建设因素：上海在城市建设过程中一直在寻求新的可以利用的土地，而广大市民也越来越认识到城市临水地区的游憩娱乐、自然生态等功能。如果苏州河经治理，沿线环境改善以后，就可以把一些公共设施布置在河畔，与滨河绿地结合起来，这将产生良好的景观环境效果。所以，对苏州河的整治和再开发，就是为了满足广大市民对更高生活质量的追求，上海的城市建设发展为苏州河整治提供了契机。

政治因素：通过对苏州河进行整治，将大大提升上海的城市形象，为上海的发展打下良好的基础。苏州河整治工程获得了广大市民和商业、房地产业及建筑业等各方面的支持，政府当然会大力推动此项工程。

3. 苏州河整治以经济实力为后盾

20世纪50～60年代，上海市就对苏州河进行过几次污染治理活动，但都不成功。到了1988年，苏州河合流污水一期工程正式动工，1993年工程竣工并投入使用，该工程为苏州河水质改善奠定了一定的基础，但并没有明显改善苏州河水质。因此，有关部门认识到，仅靠一两项工程就想根本改变整个苏州河地区的环境现状是不可能的，必须进行大规模的综合整治。苏州河环境综合整治工程耗资巨大，我们可以设想，如果没有整个城市的发展，没有经济实力做后盾，苏州河环境综合整治工程是无法顺利实施的。

三、上海的城市发展，离不开苏州河整治

1. 苏州河整治取得了明显成效

通过苏州河环境综合整治工程的实施，苏州河的水质已得到很大的改善，基本消除了黑臭现象，水质呈逐年稳定改善的趋势。在污染最严重的武宁路桥断面，上海市环境监测中心于2000年8月第一次从底泥中发现昆虫幼虫的踪迹。2001年，苏州河干流市区段发现了4种鱼。这表明，随着河水污染程度的不断降低，生命开始重新回归。2002年，人们甚至在苏州河上举办了一场"爱我中华"沪、港、台赛艇公开赛，这充分说明了苏州河的巨大变化。

2. 苏州河整治促进了全市水环境的改善

上海处于受到严重污染的复杂的感潮河网地区，如果单单治理苏州河，而不去管其他的河流，则苏州河也不可能治理成功。换言之，要治理好苏州河，就必然要对全市相关河道进行治理。所以市政府将苏州河治理列为全市水环境治理的龙头，以此来带动全市中小河道的治理。因此，苏州河的整治，促进了全市水环境的改善。

3.苏州河整治带动了沿线房地产业的发展

苏州河整治对上海城市发展的另一个重要作用是带动了沿线地区房地产业、建筑业等相关产业的发展。随着苏州河治理工程的不断深入，苏州河的水质已经明显改观，两岸的绿化也已初见成效，沿河房产的开发成为沪上楼市的新亮点。苏州河整治之初，苏州河沿岸是尚未开发的、相对成熟的地块，地价和动迁的投入都比较低，而且其投资的回报空间比较大，商业风险相对较小。因此，苏州河两岸的临水楼盘如雨后春笋一般涌现，价格也节节攀升。

4.苏州河整治促进了产业结构的调整

苏州河整治对上海城市发展的深层次意义还在于促进产业结构的调整。在整治的过程中，要截除数千个污染源，其中近半数为工业企业污染源。而这些企业中有很大一部分是属于要被淘汰的落后的生产力，剩下来的很多也要重新调整布局结构和生产工艺等。而信息业、金融业、商业等第三产业则获得了极佳的发展机会。这对于上海长远的发展是十分有利的。

5.苏州河整治的成功为世博会及外滩源的开发等作出了巨大贡献

中国2010年上海世博会的成功举办，也得益于以苏州河整治为重点的上海市环境保护工作的开展。我们很难想象，如果不进行苏州河治理，2010年的世博会将会是什么样子？上海申博的口号取自古希腊先哲亚里士多德的名言："人们来到城市是为了生活，人们居住在城市是为了生活得更好。"上海世博园的选址在黄浦江畔，邻近苏州河，无论是申博还是举办世博会，苏州河环境综合整治工程的成功都发挥了其他项目不可替代的巨大作用。

而"外滩源保护与开发"项目则更是直接得益于苏州河整治的成功。"外滩源"地段位于黄浦江和苏州河交汇处，其功能定位为建设一个以商务办公为主、兼有休闲娱乐功能的特色历史街区，通过江河水景与外滩历史建筑群的有机联系，形成外滩地区新的特有风景线。外滩源规划的突破和创新会带动起该区域新的产业经济链，未来前景金光灿烂。北外滩的陆域和水域融为一体，作为旧城改造和新城建设中一大亮点，已成为生态环境优越的区域之一。

显然，如果苏州河整治工程不实施，上海城市发展的各方面都将面临严重的"瓶颈"制约。所以，上海的城市发展，离不开苏州河整治。

四、结论

通过苏州河与上海城市发展之间历史渊源的探讨，可以知道城市河流与城市的发展有不可割舍的内在关系。苏州河整治，离不开上海的城市发展，上海的城市发展也离不开苏州河整治。同时，我们应该认识到城市河流环境整治的长期性、复杂性、艰巨性，避免短期行为，走可持续发展的道路。

第七节　走可持续发展之路

"可持续发展"已成为一个在各种各样的场合被普遍使用的词语，但它的特定含义却有意无意地被人们所淡化，那就是"在不危害后代人满足其需求的能力的情况下来满足当代人的需求的发展模式"。本节在总结人类环境与发展关系的基础上，介绍可持续发展理论的形成与发展、内涵与能力建设，最后指出：解决环境问题依赖于全体的人类的觉醒，必须要走可持续发展之路，构建和谐的人类环境与发展关系。

一、人类环境与发展关系总结

从"共有地的悲剧"的论断可知，环境问题的本质在于它的负外部性。要解决环境问题，在经济学上需要尽可能使这种外部性内在化，科学技术只能推迟悲剧发生的时间，却无法避免悲剧的发生。而从"生物圈二号"试验失败的教训也可知，我们人类目前是无法凭借科学技术的发展再造一个能够代替目前生存环境的环境，地球只有一个。所以，科学技术不是万能的，在调节人类环境与发展的关系中，它的作用是有限的，我们不可能仅仅依靠科技的进步来解决人类环境与发展的矛盾。

在人们构建和谐的环境与发展关系的努力中，也进行了一些有益的探索。比如在工业生产和经济发展领域，发展清洁生产和循环经济取得了一些成效；在城市发展领域，也有不少城市环境综合整治成功的案例，例如上海的苏州河环境综合整治。但从总体上看，这些努力还未能达到从根本上解决环境问题的目的，还不足以构建出和谐的人类环境与发展的关系。

通过对整个人类环境与发展之间关系历史的重点回顾，我们可知，人类所生存的这个地球环境有着46亿年的历史，是远早于人类而存在的。二三百万年前人类的诞生，是地球环境演化的结果。自从人类诞生之后，就与其所生存的环境相互作用，相互影响，一直发展变化到今天。而今天我们所讲的环境，是相对于人类自身而言的人类生存环境。如果没有人类，讨论这个环境也就没有意义；有了人类，也就才有了所谓的环境问题。

在人类诞生之初，人口数量很少，生产力极其低下，人与自然处于浑然一体的状态，那时的环境问题相对于今天而言可以忽略不计。在大约 1 万年前人类进入农业文明之后，伴随着人口的增长和生产力的提高，开始产生环境问题，但主要是由于对土地和其他资源的过度开发所导致的水土流失和生态破坏问题。真正大规模的环境问题的产生，是在近二三百年人类进入工业文明以后，由于机器化大生产和人口的急剧增长，开始出现严重的环境污染问题。近半个世纪以来，各种问题交织在一起，复合演变，并且出现了诸如气候变化等全球性环境问题，人类有史以来第一次面对如此严峻的、范围在全球尺度发生的环境问题。今天，环境已经成为关系到全体人类的生存与发展、决定人类文明是否能够延续的重大问题。

纵观人类环境与发展的关系史，不难发现一个特点，那就是生产力水平越发达、科技越进步、文明程度越高，环境问题就越严重。这说明环境问题并非是单纯的科学与技术问题，它不可能随着科学技术的进步而自然而然地得到解决。那种主要把环境问题归纳到自然科学和工程技术领域，寄希望于通过科技的发展来解决环境问题的想法实际上是一个误区。环境问题本质在于它是"共有地的悲剧"，它源于人类思想深处不正确的人—地关系观，源于人类的无穷尽的物欲。而科学技术是把双刃剑，运用得不好的话，反而会加剧对环境的破坏。所以，要解决环境问题，必须要解决人类的思想问题，以及随之而带来的环境管理问题。而要解决人类的思想问题，就必须要有正确的思想理论，通过正确的理念来指导人类的发展。从目前的各种理论分析，唯有可持续发展的理论能够作为人类处理好环境与发展矛盾的理论基础。

二、可持续发展理论的形成与发展

可持续发展理论的形成经历了很长的一个历史过程。自 20 世纪 50～60 年代开始，人们在经济增长、城市化、人口、资源等所形成的环境压力下，对"增长＝发展"的模式产生了怀疑，并进行了各种各样的讨论。1962 年，美国海洋生物学家蕾切尔·卡逊《寂静的春天》一书引起了巨大的轰动，作者通过描绘一幅由于农药污染所导致的可怕景象，惊呼人们将会失去"春光明媚的春天"，从而在世界范围内引发了人类关于发展观念上的争论。10 年后，又有两位美国学者巴巴拉·沃德和雷内·杜博斯的著作《只有一个地球》问世，该书把人类生存与环境的认识提高到一个新的境界——可持续发展。同年，一个著名的非正式国际学术团体"罗马俱乐部"发表了其著名的研究报告《增长的极限》，明确提出"持续增长"和"合理的持久的均衡发展"的概念。1987 年，以挪威前首相布伦特兰夫人为主席的联合国世界与环境发展委员会发表了一份《我们共同的未来》报告，正式提出了"可持续发展"概念，并以此为主题对人类共同关心的环境与发展问题进行了全面论述，受到世界各国政府组织和舆论的极大重视。在1992年联合国环境与发展大会上，可持续发展的理念得到与会者的承认，形成了共识。

1. 可持续发展概念的缘起

在所有可持续发展大事记中，有一个美国海洋生物学家的名字不可能不被提及，她就是蕾切尔·卡逊。这是因为她在20世纪中叶出版了一本论述杀虫剂，特别是滴滴涕对鸟类和生态环境所产生的毁灭性危害的著作——《寂静的春天》。尽管该书的问世使卡逊一度备受攻击和诋毁，但书中所提出的有关生态的观点最终还是被人们所接受了。由此，环境问题得以从一个边缘问题逐渐走向全球经济议程的中心。此后，随着公害问题的加剧和能源危机的出现，人们逐渐认识到那种把经济、社会和环境割裂开来谋求发展的方式，会给地球和人类社会带来毁灭性的灾难。源于这种危机感，可持续发展的思想在20世纪80年代逐步形成。"可持续发展"一词在国际文件中最早是出现在1980年由国际自然保护同盟制定的《世界自然保护大纲》中，其概念最初来源于生态学，指的是一种对于资源的管理战略。其后被广泛应用于经济学和社会学范畴，并加入了一些新的内涵，成为一个涉及经济、社会、文化、技术和自然环境的综合的动态的概念。1983年11月，联合国成立了世界环境与发展委员会。1987年，该委员会把经过4年研究和充分论证的报告——《我们共同的未来》提交给联合国大会，该报告正式提出了"可持续发展"的概念和模式。

2. 关于"增长极限问题"的讨论

地球环境的"承载力"是否存在极限？人类的发展如何与地球环境的"承载力"相适应？应如何对人类的发展进行规划才能实现人类与自然的和谐？这些问题由一个由知识分子组成的名为"罗马俱乐部"的组织提出并试图提供答案。1972年他们发表了题为《增长的极限》的报告。该报告根据数学模型预言：在未来一个世纪中，人口和经济需求的增长将导致地球资源耗竭、生态破坏和环境污染。除非人类能够自觉限制人口增长和工业发展，否则这一悲剧将无法避免。这份报告发出的警告对人类产生了启示作用。从20世纪80年代开始，"可持续发展"一词逐渐成为通行的概念。

3. 国际社会对可持续发展的反响

在可持续发展思想形成的历程中，最具里程碑意义的是1992年6月在巴西里约热内卢举行的联合国环境与发展大会。在这次大会上，来自世界178个国家和地区的领导人通过了《21 世纪议程》、《气候变化框架公约》等一系列文件，明确把发展与环境密切联系在一起，使可持续发展走出了仅仅在理论上探索的阶段，响亮地提出了可持续发展的战略，并付诸为全球的行动。

4．可持续发展的思想是人类的理性反思

可持续发展的思想是人类社会发展的产物，它体现了人们对人类自身进步与自然环境关系的反思。这种反思既反映了人类对自身以前走过的发展道路的怀疑和抛弃，也反映了人类对今后选择的发展道路和发展目标的思索和向往。人们逐渐认识到人类过去所走过的发展道路是不可持续的，因而是不可取的。而今后唯一可供选择的道路就是走可持续发展之路。人类的这一次反思是深刻的，反思所得的结论具有划时代的意义。可持续发展的思想在全世界不同经济水平和不同文化背景的国家获得了共识和普遍认同，成为了发展中国家和发达国家都可以争取实现的目标。广大发展中国家积极投入到可持续发展的实践中也正是可持续发展理论风靡全球的重要原因。美国、德国、英国等发达国家和中国、巴西等发展中国家都先后提出了自己的 21 世纪议程或行动纲领。尽管各国侧重点有所不同，但都不约而同地强调要在经济和社会发展的同时注重保护自然环境。正是因为这样，很多人类学家都不约而同地指出，"可持续发展"思想的形成是人类在 20 世纪中，对自身前途、未来命运与所赖以生存的环境之间最深刻的一次警醒。

5．从警醒开始付诸行动

当今世界，环境保护成了企业发展的口号。在能源领域，各国相继将技术重点转向水能、风能、太阳能和生物质能等可更新能源上；在交通运输领域，研制燃料电池车或其他清洁能源车辆已成为各大汽车商技术开发能力的标志；在农业领域，无化肥、无农药和无毒害的生态农产品已成为消费者的首选；在城市规划和建筑业中，尽量减少能源和水的消耗，同时也减少废水、废弃物排放的"生态设计"和"生态房屋"已成为近年来发达国家及一些发展中国家建筑业的招牌。

三、可持续发展的内涵与能力建设

可持续发展是从环境与自然资源角度提出来的关于人类长期发展的战略与模式，它不是在一般所说的一个发展进程要在时间上连续运行、不被中断，而是强调环境与自然资源的长期承载力对于发展的重要性，以及发展对改善生活质量的重要性。它强调的是环境与经济的协调，追求的是人与自然的和谐。其核心思想就是经济的健康发展应该建立在生态持续能力、社会公正和人民积极参与自身发展决策的基础之上。它的目标不仅是要满足人类的各种需求，务使人尽其才，物尽其用，地尽其利，而且还要关注各种经济活动的生态合理性，保护生态资源，不对后代人的生存和发展构成威胁。在发展指标上与传统发展模式所不同的是，不再把国民生产总值（GNP）、国内生产总值（GDP）作为衡量发展的唯一指标，而是用社会、经济、文化、环境、生活等各个方面的指标来衡量发展。可持续发展是指导人类走向新的繁荣、新的文明的重要指南，其内涵为：（1）突出发展的主题。发展与经济增长有着根本的不同，发展是集社会、科技、文化、环境等多项因素于一体的完整现象，是人类共同的和普遍的权利，发达国家和发展中国家都享有平等的不容剥夺的发展权利。（2）发展的可持续性。人类的经济和社会的发展都不能超越资源和环境的承载能力。（3）人与人关系的公平性。当代人在发展与消费的同时应努力做到使后代人有同等的发展机会，同一代人中一部分人的发展不应当损害另一部分人的利益。（4）人与自然的协调共生。人类必须建立新的道德观念和价值标准，学会尊重自然、师法自然、保护自然，与自然和谐相处。

经济、人口、资源、环境等内容的协调发展构成了可持续发展战略的目标体系，管理、法制、科技、教育等方面的能力建设构成了可持续发展战略的支撑体系。可持续发展的能力建设是实现可持续发展的具体目标的必要保证，即一个国家的可持续发展在很大程度上依赖于这个国家的政府和人民通过技术的、观念的、体制的因素表现出来的能力。能力建设主要包括：（1）可持续发展的管理体系。实现可持续发展需要有一个非常有效的管理体系。历史与现实都表明，环境与发展不协调的许多问题是由于决策与管理的不当造成的。因此，提高决策与管理能力就构成了可持续发展能力建设的重要内容。可持续发展管理体系要求培养高素质的决策人员与管理人员，综合运用规划、法制、行政、经济等手段，建立与完善可持续发展的组织结构，形成综合决策与协调管理的机制。（2）可持续发展的法制体系。与可持续发展有关的立法是可持续发展战略具体化、法制化的途径，而与可持续发展有关的立法的实施是可持续发展战略付诸实现的重要保障。因此，建立可持续发展的法制体系是可持续发展能力建设的重要方面。可持续发展要求通过法制体系的建立与实施，实现自然资源的合理利用，使生态破坏与环境污染得到控制，保障经济、社会、生态的可持续发展。（3）可持续发展的教育系统。可持续发展要求人们有较高的知识水平，清楚人的活动对自然和社会的长远影响与后果，要求人们有高度的道德水平，认识自己对子孙后代的崇高责任，自觉为人类社会的长远利益而牺牲一些眼前利益和局部利益。这就需要在可持续发展的能力建设中大力发展符合可持续发展精神的教育事业。可持续发展的教育体系不仅应该使人们获得可持续发展的科学知识，也应该使人们具备可持续发展的道德水平。这种教育既包括学校教育这种主要形式，也包括广泛的潜移默化的社会教育。（4）可持续发展的科技系统。科学技术是可持续发展的主要基础之一。没有高水平的科学技术支持，可持续发展的目标就不能实现。科学技术对可持续发展的作用有多方面。它可以为可持续发展的决策提供有效的依据与手段，促进可持续发展管理水平的提高，加深人类对人与自然关系的理解，扩大自然资源的可供给范围，提高资源利用效率和经济效益，提供保护生态环境和控制环境污染的手段。（5）可持续发展的公众参与。公众参与是实现可持续发展的必要保证，因此也是可持续发展能力建设的主要方面。这是因为可持续发展的目标和行动，必须依靠公众和社会团体的认同、支持和参与。公众、团体和组织的参与方式和程度，将决定可持续发展目标实现的进程。公众对可持续发展的参与应该是全面的。公众和社会团体不但要参与有关环境与发展的决策，特别是那些可能影响到他们生活和工作的决策，而且更需要参与对决策执行过程的监督。

四、结语

从目前人类社会发展的状况来看，可持续发展还更多地存在于理念之中，人类要想将这个理念变为现实，还任重道远，除了需要世界各国政府和企业的共同努力外，还需要加大教育力度，唤醒民众，转变人心，从而使之成为全体人类的共识。

人类之所以成为人类，在于人类有道德，有理性，而文明的发展就体现在人类不仅仅考虑自己，还要考虑他人，能够实现对自我的约束，并超越自我。人类的命运、人类的未来掌握在人类自己的手上，下一代人的命运掌握在当代人的手上。解决环境问题，依赖于全体人类的觉醒，必须要走可持续发展之路，构建和谐的人类环境与发展关系。除此之外，别无他法。

思考与启示

走可持续发展之路是人类社会发展的必然之路。而本书所要阐述的观点是：环境问题并非是单纯的科学与技术问题，不可能仅依靠科技的进步自然而然地得到解决。事实上环境问题是关于人的问题，它因人而产生，并随着人类社会的发展而发展，又对人类社会的进一步发展产生严重的制约。如果人类不改变凌驾于自然环境的不正确的观念，不改变传统的发展模式，环境问题完全有可能使人类文明遭受到灭顶之灾。

参考文献

[1] 陈燕平. 2007. 日本固体废物管理与资源化技术. 北京：化学工业出版社.

[2] 姜春云. 2004. 中国生态演变与治理方略. 北京：中国农业出版社.

[3] 林肇信，刘天齐，刘逸农. 1999. 环境保护概论. 北京：高等教育出版社.

[4] 叶文虎. 2000. 环境管理学. 北京：高等教育出版社.

[5] 中关村国际环保产业促进中心. 2005. 循环经济国际趋势与中国实践. 北京：人民出版社.

[6] 阿尔·戈尔. 1997. 濒临失衡的地球——生态与人类精神. 陈嘉映等译. 北京：中央编译出版社.

[7] 艾伦·杜宁. 1997. 多少算够：消费社会与地球的未来(绿色经典文库). 毕聿译. 吉林：吉林人民出版社.

[8] 芭芭拉·沃德，勒内·杜博斯. 1997. 只有一个地球：对一个小小星球的关注(绿色经典文库). 国外公害丛书编委会译. 长春：吉林人民出版社.

[9] 八太昭道. 1996. 垃圾与地球. 夏雨译. 北京：中国环境科学出版社.

[10] 达尔文. 2009. 物种起源. 赵娜译. 西安：陕西师范大学出版社.

[11] 丹尼斯·米都斯等. 1997. 增长的极限：罗马俱乐部关于人类困境的报告(绿色经典文库). 李宝恒译. 长春：吉林人民出版社.

[12] 克莱夫·庞廷. 2002. 绿色世界史：环境与伟大文明的衰落. 王毅, 张学广译. 上海：上海人民出版社.

[13] 劳爱乐. 2004. 工业生态学和生态工业园. 耿勇译. 北京：化学工业出版社.

[14] 蕾切尔·卡逊. 1997. 寂静的春天(绿色经典文库). 吕瑞兰, 李长生译. 长春：吉林人民出版社.

[15] 克里斯蒂安·德迪夫. 2001. 生机勃勃的尘埃：地球生命的起源和进化. 王玉山译. 上海：上海科技教育出版社.

[16] 世界环境与发展委员会. 1989. 我们共同的未来. 国家环保局外事办公室译. 北京：世界知识出版社.

[17] William P.Cunningham,Barbara Woodworth Saigo . 2004.环境科学：全球关注.戴树桂主译.北京：科学出版社.

[18] 约阿希姆·拉德卡 . 2004.自然与权力：世界环境史.王国豫，付天海译.石家庄：河北大学出版社.

[19] Hardin,Garrett. 1968. The Tragedy of the Commons.Science,162:1243-1248.

[20] 徐祖信，廖振良 . 2003.苏州河整治与上海城市发展关系探讨.上海环境科学, 22(zl):24-27.

[21] 赵丽宏 . 2009-6-6.我的母亲河.人民日报, 7.

[22] 侯宏涛 . 2010.大连输油管爆炸事件.http://baike.baidu.com.cn/view/3966500.htm[2013-2-5].

[23] 二十世纪的重大污染事件有哪些. http://ks.cn.yahoo.com/question/1306121228777.html[2011-7-9].

[24] 方舟子 . 2006.复活节岛的悲剧. http://blog.sina.com.cn/s/blog_474068790 10006eo.html[2008-3-4].

[25] 复活节岛最后的秘密 —— 神秘巨人像何人建造. http://culture.china.com/zh_cn/history/kaogu/11022843/20050330/12206437.html[2009-4-20].

[26] 阜阳化工总厂清洁生产案例. http://www.chinacp.com/CN/CaseDetail.aspx?id=14[2008-9-15].

[27] 失落的玛雅文明. http://v.youku.com/v_show/id_XMjk4MzE2OTI=.html[2009-11-14].

[28] 海湾战争石油污染事件. http://baike.baidu.com/view/7020107.html[2013-2-3].

[29] Industrial Symbiosis Institute. 2008.New technologies and innovation through Industrial Symbiosis. http://www.symbiosis.dk/media/7940/symbiosis%20paper%20presentation.pdf[2008-4-8].

[30] 中国强制性产品认证咨询中心. 2009. ISO14000 环境管理体系认证. http://www.cccwto.net/iso14000/iso14000.asp.htm[2013-2-20].

[31] 可持续发展. http://baike.baidu.com.cn/view/18480. htm[2013-2-4].

[32] 克里比雨林中探访矮人国. http://bg.dltour.gov.cn/gjz/jokeinfoasp?id=9[2011-4-9].

[33] 苦聪人. http://baike.baidu.com/view/1277238. htm[2012-5-5].

[34] 楼兰. http://baike.baidu.com/view/13635. htm[2012-8-10].

[35] 美国墨西哥湾原油泄漏事件. http://baike.baidu.com/view/3574799. htm?fromId=3587175[2012-2-6].

[36] 生命的起源. http://zhidao.baidu.com/question/7675372.html[2011-7-19].

[37] 生物圈二号. http://zh.wikipedia.org/zh-cn/%E7%94%9F%E7%89%A9%E5%9C%88%E4%BA%8C%E5%8F%B7[2011-7-6].

[38] 世界"八大公害事件". http://www.jdz65.gov.cn/hbcs/200489101320. asp[2011-7-12].

[39] 世界经典危机故事排行-博帕尔. http://shuji.xooob.com/rwsksj/20089/339704. html[2011-7-14].

[40] 世界经典危机故事排行-切尔诺贝利. http://shuji.xooob.com/rwsksj/20089/339704.html[2011-7-20].

[41] 刘兆权, 韩瑜庆, 郭奔胜, 黄海波, 张颖. 2007. 太湖蓝藻事件追踪. http://news.xinhuanet.com/video/2007-06/08/content_6215092.htm[2011-8-7].

[42] 寻访喀麦隆克里比雨林. http://travel.shangdu.com/africa/20090211-31943. shtml[2010-7-3].

[43] 杨汝生. 2004. 走进非洲"小人国". http://www.people.com.cn/GB/14838/21883/22012/2403247.html[2010-7-6].

[44] 张翅, 王纯. 2008. 世界遗产悬谜:神秘的心灵之旅, 第78节:18世纪的探险热潮；第79节:复活节岛资源匮乏. http://book.qq.com/s/book/0/3/3120/78. shtml [2009-8-9].

[45] 重大污染事件(1)——水俣病. http://www.tudou.com/programs/view/ylE_4ag90bM/[2010-8-3].

[46] 重大污染事件(2)——痛痛病. http://www.tudou.com/programs/view/cdUF4yW5usM/[2010-8-3].

[47] 楼兰——"东方庞贝". http://hi.baidu.com/dingenyu/blog/item/193811b4a72e1c7a8ad4b274.html[2010-8-20].

[48] 中国21世纪议程管理中心. 1994. 中国21世纪议程. http://www.acca21. org.cn/cca21pa.html[2010-6-7].

[49] 中国科学院. 2008.人类的起源与生存之谜. http://www.cas.cn/jzd/ljx2/200907/t20090722_2154343.shtml[2011-7-16].

[50] 最后一个走出原始森林的少数民族云南苦聪人. http://history.kunming. cn/index/content/2009-07/23/content_1927060.htm#[2011-7-8].

后　记

费了九牛二虎之力，这本书总算完稿了！

此书最初是我给本科生上环境类通识课程时编写的讲义。我所在的大学，对教师的各种考核中，较重要的一项即是本科教学工作。因为当时我刚留校，轮不着上专业课，所以只好去开全校公共选修课，又叫通识教育课程。等真正备课的时候，才感觉有点后悔了。原来这公共选修课可不好上，既不能讲深，也不能讲浅，关键还要让课程生动有趣，吸引人。所以，那个暑假我到处搜集素材和案例。我想以一种较轻松活泼的方式，围绕课程主题，深入浅出地进行讲授。经过几个学期的讲授，现在总算是比较有底了。学生给课程评价都是"优"。

在讲课过程中，感觉到没有合适的教材，虽然有一些翻译过来的环境史著作，但大多比较深奥难懂，不太适合环境通识教育。况且我本身也不想把这门课上得一板一眼，那样学生肯定不爱听，这门课不是主干课，枯燥无味，就没什么人会来选了。采用什么方式讲？受易中天先生百家讲坛《品三国》的启发，我想是不是可以采用一种讲故事的方式，通过向学生讲授大量的案例，从中启发大家思考环境与发展的关系？这就依赖于要有大量的素材。一方面靠自己搜集，另一方面，我想也可以发动学生，请他们有意识地搜集相关主题的素材，有的可以请他们编写出故事，甚至让他们自己上台来讲，大家来讨论评价，我再进行引导。通过采用这样一种方式，发现非常有效，不仅课堂气氛活跃，大家爱听、爱讲、爱思考，而且与此同时，学生们也给我提供了一些有价值的素材，这成为本书的一个重要资料线索。

首先想感谢的是上过这门课的学生。他们不仅为本书的创作提供了部分素材、案例和故事，而且能在课堂上踊跃讨论，甚至争辩，发表过的言论也给了我不少启发。也正是受学生们这种热情的鼓舞，使得我想编写出版这本书。其中，陈笑、涂书阳、杨科杰、任怡久等同学还在本书的编写过程中参与了部分加工整理的工作，在此向他们表示特别的感谢！

其次，要感谢上海科学普及出版社和王佩英老师。不仅支持本书的出版，还为争取本书获得上海科普图书创作出版专项资助提供了大量的帮助，如果没有这项资助，本书就很难面世了。

再次，还要感谢我所在的单位——同济大学。正是由于学校对本科教学工作的高度重视，才促使我会去花这么多时间和精力在这项工作上。

本书的素材来源于方方面面，很多是来源于网络。为此，我还要感谢将这些素材挂到网上的人，其中大多数人都未在网上留下名字。如果没有这些素材，本书就会成为无源之水。

最后想要告诉读者的是：我还有这门课的相关课件，需要的人可以向我索取，联系方式：zl_liao@tongji.edu.cn。可免费派送，用的人越多我越高兴。

廖振良

2013年3月于上海